大学生创新思维训练与创业就业指导

王鲁刚　主编

中国海洋大学出版社
·青岛·

图书在版编目(CIP)数据

大学生创新思维训练与创业就业指导 / 王鲁刚主编.

青岛：中国海洋大学出版社，2025.7. -- ISBN 978-7

-5670-4266-7

Ⅰ. B804.4

中国国家版本馆 CIP 数据核字第 2025V05A13 号

大学生创新思维训练与创业就业指导

出版发行	中国海洋大学出版社		
社　　址	青岛市香港东路 23 号	**邮政编码**	266071
出 版 人	刘文菁		
网　　址	http://pub.ouc.edu.cn		
电子信箱	116333903@qq.com		
订购电话	0532-82032573(传真)		
责任编辑	滕俊平	**电　　话**	0532-85902342
印　　制	青岛国彩印刷股份有限公司		
版　　次	2025 年 7 月第 1 版		
印　　次	2025 年 7 月第 1 次印刷		
成品尺寸	185 mm×260 mm		
印　　张	11.75		
字　　数	251 千		
印　　数	1～15000		
定　　价	58.00 元		

发现印装质量问题,请致电 0532-58700166,由印刷厂负责调换。

编　委　会

序言／Preface

　　王鲁刚主编邀请我为《大学生创新思维训练与创业就业指导》写序，我没有犹豫就答应了。这不是因为与鲁刚主编的深厚友谊，而是出于对书稿主题的浓厚兴趣。大学生创新思维、创业和就业研究是当今高等教育研究的重大主题，又是极富时代感的高等教育重大课题。不仅大学生特别关心自己的创新思维、创业和就业，家长、企业、政府、教育与经济研究组织也都特别关注和重视。我个人一直将大学生置于学术研究的中心位置，所有研究的目的都是让大学生更好地发展，尽管很多研究主题看似与大学生没有直接关联。实际上，在我的研究中，不论是宏观的高等教育政策研究还是微观的高校办学问题研究，都是为了营造更好的教育环境，以促使大学生更好地发展。

　　收到书稿后，粗略翻阅目录便深感答应鲁刚主编是一个正确的决定。从目录来看，这不是一本理论研究专著，而是一本教材，是面向大学生、为他们发展创新思维、提高创业和就业能力服务的教学用书。应该说，图书市场上关于大学生创业和就业的研究著作很多，但可以为大学生所用的教学用书非常少。带着一种好奇感，我开始阅读书稿。随着阅读的不断深入，我发现该书作为教学用书，不仅在形式上突破了传统的教材体例，更贴近大学生的需要，更契合他们的学习习惯，而且在内容上精选主题知识，各部分各单元的知识不是按照理论研究逻辑建构的，而是从大学生的需要出发，建构了一套适合大学生学习、有助于他们自我发展的知识体系。比如，第二部分的内容包括五个单元14个模块，五个单元的主题分别为创业机会与商业模式、创业者与创业团队、创业计划、创业资源和企业的开办与经营管理。再如，第一单元三个模块的主题是创业机会的识别、创业前的准备工作和商业模式及其设计。不论是单元还是模块，它们的主题都从大学生的创业能力训练与发展出发，以服务于他们的自主性和主体性发展为目的。

读完书稿，有一个想法特别想跟教师和大学生分享。创新思维和能力与创业和就业之间有千丝万缕不可分割的联系，但不能在三者之间画等号。创新思维和能力是大学生的核心素养，不仅创业和就业需要创新思维和能力，大学生在未来的工作和社会生活中都离不开创新思维和能力，创新思维和能力可以在很多方面对大学生有所助益。创业需要创新思维和能力，但仅有它远远不够，还需要大学生具备其他重要素养和能力，比如，较高的情商和良好的人际交往能力。此外，还需要有适宜创业的社会环境以及有力的技术支持等。就业受到多种因素的影响，创新思维和能力有一定作用，但起作用的还有其他个人和社会因素。所以，教师和大学生在教与学过程中，不仅需要明确三者之间的关系，还需要以大学生全面发展为宗旨，超越三者之间的关系，组织开展有关教学活动，以圆满实现教学目标。

需要指出的是，尽管该书是从大学生学习需要角度编写的，但不能否认它同样适合教师教学使用。从教育本质上讲，教育教学从来不是为教师而组织开展的，而是为了大学生更好地发展。教师如何培养大学生的创新思维、创业和就业能力，如何使大学生具有创新思维、创业和就业能力，这不是简单的教育教学任务，甚至可能并不是完全依赖教师能够完成的任务。基于大学生的需要，为他们创设更好的发展环境与条件，让他们发挥主体性、实现自主发展，是教师能做到的事情。因此，教师使用本教材大有可为。

是为序。

别敦荣

2025 年 7 月于西北师范大学未来书院

前言/Foreword

　　本书以习近平新时代中国特色社会主义思想为指引,融合编者长期的教育教学管理实践经验,紧密贴合我国高等教育改革与院校发展形势,以回应大学生求职、创业与就业的现实需求。

　　在内容方面,本书涵盖大学生创新思维训练和创新能力培育、创业指导以及就业政策与就业指导三大板块。通过创新编排形式,如学习目标、单元导言、案例导入、复习与思考,切实培育大学生的创新意识与思维,提高创业技能,提升创业就业能力。

　　本书由专业理论教师与一线实践指导教师合作编写而成。他们不仅具备专业的知识背景,时刻关注行业动态,能够将最新研究成果与实践经验融入教材,而且在心理辅导、创业与就业咨询等方面实操经验丰富。

　　本书遵循循序渐进的教学原则,彰显体验式教学理念,避免了知行脱节。旨在助力学生系统了解、学习创业和就业相关理论,立足个人特质与专业背景,形成职业生涯规划自觉意识,精准锚定职业坐标与发展方向。

　　本书第一部分由崔光华、王宁、胡军、郭江南、李强编写,第二部分由张大伟、赵洁、徐传晴、宋雯雯、白钧旭、张萌萌编写,第三部分由孙艳波、刘宝沛、王立良、马秀萍、崔学升、王健、晁爽编写。

　　在编写过程中,我们参考了大量文献资料,在此一并致谢。限于水平,书中难免存在疏漏差错,不足之处敬请读者不吝赐教。

编　者

2025 年 3 月

目录/Contents

第一部分

大学生创新思维训练
和创新能力培育

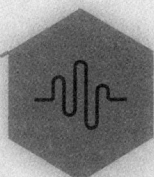

在当今这个充满变革与机遇的时代，创新已然成为推动社会进步和个人发展的核心驱动力。对于大学生而言，创新思维不仅是适应时代需求的必备技能，更是开启未来无限可能的关键所在。

大学阶段，是知识汇聚、思想碰撞的黄金时期。大学生在课堂上汲取专业知识，在校园活动中锤炼综合能力，在与师长、同学的交流互动中拓宽视野。然而，传统教育模式下形成的思维定式常常在不经意间束缚了大学生的创造力。而创新思维训练，宛如一把利剑，助力大学生打破常规，从全新角度审视世界，挖掘自身潜藏的创新能量。

同学们，在这既充满挑战又充满惊喜的旅程中，我们将一起探寻创新思维的奥秘。从激发灵感的火花出发，到搭建独特的思维框架；从学会运用多样的创新方法，到在团队协作中绽放创新光彩。每一步，都将推动你们在学术研究中找到新的突破点，在社会实践中提出新颖的解决方案，在未来职场上崭露头角，成为引领变革的先锋力量。

无论身处何种专业，无论对未来怀揣着怎样的憧憬与规划，创新思维都如同熠熠生辉的灯塔，照亮前行的道路。让我们带着满腔激情与好奇，迈入这场创新思维训练的精彩旅程，为自己的青春画卷绘上绚丽夺目的色彩。

单元一　创新思维基础知识

学习目标

一、掌握创新的本质。

二、理解创新思维的内涵、特征及重要性。

单元导言

　　在人类文明的漫漫长河中,创新始终是推动社会进步、驱动文明演进的核心动力。回望历史轨迹,从火的偶然发现到文字的系统创造,从蒸汽机轰鸣开启工业革命到互联网无远弗届重塑世界,每一次创新突破都为人类的生活方式与思维模式带来根本性变革。置身科技日新月异的当代社会,创新已然成为时代发展的核心主题,指引着人类向未知领域不断探索。

　　需要明确的是,创新绝非无源之水、无本之木。其生命力植根于独特的思维范式——创新思维。这种融合批判精神与探索智慧的思维方式,推动人类突破固有认知框架,以全新视角解析问题,构建前所未有的问题解决方案。正是凭借这种思维方式,人类才能在历史长河中持续突破极限,缔造出诸多改变世界的文明奇迹。

　　本单元将系统认识创新思维。我们将从创新的本质以及创新思维的内涵、特征等方面展开深入论述,以从宏观层面全面了解创新和创新思维。

模块一　创新的本质解析

【案例导入】

　　G30 连霍高速长城驿服务区、柳园服务区等 6 个服务区的分布式光伏发电项目,是交通运输部"绿色低碳强国建设专项试点任务(第一批)"入选项目、"甘肃省河西走廊交通运输与绿色能源融合大通道示范项目"的先导项目,也是 2024 年全国交通与能源融合应用示范创新案例。该项目秉持"光储一体"理念,采用"自发自用、余电上网"与"绿电全额上网"双模式并网,通过在服务区闲置空地、停车棚、综合楼屋顶等区域安装光伏组件,同步配套建设储能系统和智慧能源管理系统。

该项目现已实现全容量并网运行,预计年发电量达898万千瓦时,相当于每年节约标准煤约2750吨,减少二氧化碳排放约4050吨。作为交通与能源融合发展的示范创新工程,甘肃省服务区的分布式光伏发电项目有效推动了绿色能源在交通基础设施领域的应用,为构建低碳交通运输体系提供了重要技术支撑和创新运营经验。

创新是一个具有深刻内涵和广泛外延的概念,可以从多个角度进行理解和阐述。

一、创新的内涵

目前,创新已经成为推动科技进步、经济发展和社会变革的重要力量。"创新"一词出现得较早。中国古代典籍早有记载,《魏书》提出"革弊创新",《周书》强调"创新改旧"。西方语境中,英语"innovation"源自拉丁语"innovare",原意包含更新、创造新的东西与变革三重内涵。随着时间的推移,创新的概念不断发展和完善。在现代社会,创新是指以突破常规思维模式为导向,依托现有知识与物质基础,在特定环境中为满足理想化需求或社会需要,改进或创造新事物、新方法、新元素、新路径及新环境并取得有益效果的行为。此定义涵盖思维模式转变、新事物创造、社会需求满足与效益实现等多重维度。

二、创新的类型

创新根据不同的领域可以分为以下几类。

(一)根据创新的性质划分

1. 原始创新

原始创新是指前所未有的重大科学发现、技术发明、原理性主导技术等创新成果。原始创新意味着在研究开发方面,特别是在基础研究和高技术研究领域取得独有的发现或发明。原始创新是最根本的创新,是最能体现智慧的创新,是一个民族对人类文明进步做出的重要贡献。

2. 集成创新

集成创新是利用各种信息技术、管理技术与工具等,对各个创新要素和创新内容进行选择、集成和优化,形成优势互补的有机整体的动态创新过程。集成创新强调灵活性,重视质量和产品多样化。

现代企业的集成创新以提高企业持续的整体竞争力为目标,创新过程与创新资源创造性地集成与协同。虽然集成创新还没有一个非常准确的定义,但无论何种表述都一致认为,集成创新的主体是企业,集成创新的目的是有效集成各种要素,在主动寻求最佳匹配要素的优化组合中产生"1+1>2"的集成效应。

3. 引进、消化吸收再创新

引进、消化吸收再创新是最常见、最基本的创新形式,其核心是利用各种引进的技术资源,在消化吸收基础上完成重大创新。引进、消化吸收再创新与集成创新的相同点在于,都是以已经存在的单项技术为基础;不同点在于,集成创新的结果是一个全新的产品,而引进、消化吸收再创新的结果是产品价值链某个或某些重要环节的重大创新。

(二)根据创新的内容划分

1. 理论创新

理论创新是指人们在社会实践中,对出现的新情况、新问题做新的理性分析和理性解答,对认识对象或实践对象的本质、规律和发展变化的趋势做新的揭示和预见,对人类历史经验和现实经验做新的理性升华。简单地说,就是对原有理论体系或框架的新突破,对原有理论和方法的新修正、新发展,以及对理论禁区和未知领域的新探索。

2. 制度创新

制度创新是指在人们现有的生产和生活环境条件下,通过创设新的、更能有效激励人们行为的制度、规范体系来实现社会的持续发展和变革的创新。所有创新活动都有赖于制度创新的积淀和持续激励,通过制度创新得以固化,以制度化的方式持续发挥作用,这是制度创新的积极意义所在。

制度创新的核心内容是社会政治、经济和管理等制度的革新,是支配人们行为和相互关系的规则的变更,是组织与其外部环境相互关系的变更,其直接结果是激发人们的创造性和积极性,促使人们不断创造新的知识,使社会资源合理配置,使社会财富源源不断,最终推动社会进步。

3. 科技创新

科技创新是指创造和应用新知识、新技术、新工艺,采用新的生产方式和经营管理模式,开发生产新产品,提高产品质量,提供新的服务的过程。科技创新可以分为三类:知识创新、技术创新和现代科技引领的管理创新。从微观上讲,科技创新有助于企业占领市场并实现市场价值,从而提升企业的核心竞争力乃至区域竞争力。从宏观上讲,科技创新可以推动技术的创新发展,促进社会生产力的提高,减少环境污染,满足社会需求,解决社会问题。

三、创新的特点

(一)普遍性

创新存在于一切领域,没有哪个学科、哪个行业、哪个领域是一成不变的。

(二)永恒性

创新是人的本能,只要人类文明存续,创新的火种就永不熄灭。它受人类自我实现这一原始本能的强力驱使,如同心脏跳动之于生命的意义,源源不断地为人类发展注入动能。

(三)超前性

作为首创性活动,创新必然超前于社会普遍认知。

(四)艰巨性

创新之路,荆棘丛生,其艰巨性源自两大关键因素:其一,归因于创新自带的超前属性。正因为创新者的思想与行动领先于时代节拍,曲高和寡在所难免,他人的理解与支持仿若稀缺的甘霖,难以轻易获得,甚至时常遭遇反对的寒风冷雨。质疑与压力如影随形,使创新者的每一步前行都如逆水行舟。其二,是由于创新本身。创新是做前人或他人没有做过的事情,实现创新的过程和方法都需要探索,因此带有不确定性和技术上的难度。

(五)社会性

现代社会,创新具有显著的协同特征,需通过社会化协作来实现。单一个体创新模式已难以适应精细化分工的现代社会。

(六)无止境、无边界、无权威、无条框

在创新的浩瀚宇宙里,最好的星辰永远闪烁在下一个未知的角落。任何学科、领域、部门都是人为划分的结果,既然是人为划分,就可以打破;在专业知识面前,不同的行业、专业是有着很大差别的,但在创新面前,规律是一样的,而且越是跨行业、跨领域的创新,越是能产生超乎寻常的结果。

历史已然证明,那些名垂青史的创新大师们,无一不是知识海洋中的博学者。他们仿若多才多艺的通才,在多个领域留下深刻足迹,只是在某一特定领域绽放出最为耀眼的光芒而已。恰如某位睿哲所言,科学的宏伟殿堂仿若一座恢宏宅邸,不同学科恰似宅邸上一扇扇开启知识宝藏的窗户,虽外观各异,内里却蕴含相通的智慧原理。所以,莫要畏惧转行之路,必要时勇敢转身,或许会邂逅意想不到的绮丽风景。与此同时,广泛涉猎、博览群书,犹如为创新插上矫健的羽翼,助力其在广阔天空自由翱翔。这便是现代社会复合型人才备受青睐、广受欢迎的根源所在。

再者,必须铭记,在创新领域,人人皆有平等的机会。不存在绝对的权威,无人能垄断创新的话语权。诸多时候,我们对所谓权威的过度迷信,恰似沉重枷锁,禁锢思维,对创新活动形成难以逾越的巨大阻碍。唯有挣脱桎梏,放飞想象,方能开启创新的无限可能。

四、创新的性质

创新的性质有二:"无中生有"和"有中生无"。"无中生有"是指科学发现和技术发

明,"有中生无"则指对现有事物的改进。

"无中生有"的事例太多了,可以说整个世界的发展史就是一部创新的历史。从钻木取火、电的发现到世界上第一次出现蒸汽机、电灯、电话、电脑、电视、激光和原子能等,都是"无中生有"的结果,都是伟大的创新,改变了人类的生活。

现在网络已成为人们生活、工作、学习中不可缺少的东西,移动应用程序(App)正在颠覆我们的生活方式,新事物层出不穷。未来的世界将会怎样,真的很难预测!

相较而言,"有中生无"的案例在日常生活中更是俯拾皆是。小到一支经过改良设计后握感更佳、书写更流畅的钢笔,大到一辆通过优化发动机性能、提升安全配置、革新内饰布局的新款汽车;从传统商业模式经数字化转型后焕发出的蓬勃活力,到老旧社区经过微改造后重归温馨宜居,无一不是在现有基础上实现的华丽转身,让熟悉的事物绽放出别样光芒,持续满足人们日益增长、愈发多元的需求。

五、创新的原则

创新的原则是开展创新活动所依循的基本法则,是评判创新构思时所凭借的关键标准。

(一)科学性原则

创新必须遵循科学技术原理,不得有违科学发展规律。因为任何违背科学技术原理的创新都是不能成功的。为了使创新活动取得成功,在进行创新构思时,必须做到以下几点。①对创新设想进行科学原理相容性检验。创新设想在转化为成果之前,应该先进行科学原理相容性检验。如果关于某一创新问题的初步设想,与人们已经发现并被实践证明的科学原理不相容,则不会获得最后的创新成果。因此,与科学原理是否相容是检验创新设想有无生命力的根本条件。②对创新设想进行技术方法可行性检验。任何事物都会受到现有条件的制约。在设想变为成果前,还必须进行技术方法可行性检验。如果实现创新设想所需要的技术条件超过现有技术方法的可行性范围,则该设想只能是一种空想。③对创新设想进行功能方案合理性检验。任何创新设想在功能上或有所创新或有所增强。但一项设想是否合理,关系到该设想是否具有推广应用的价值,因此,必须对功能方案的合理性进行检验。

(二)相对较优原则

创新不可盲目追求最优、最佳、最美、最先进。许多创新设想各有千秋,这时,就需要按相对较优的原则,对设想进行判断选择。要注意以下几点:可从创新技术先进性上比较,看谁领先和超前;从创新经济合理性上比较,看谁合理和节省;从创新整体效果性上比较,看谁全面和优秀。

(三)机制简单原则

创新只要效果好,机制越简单越好。在现有科学水平和技术条件下,如不限制创新方式和手段的复杂性,所付出的代价可能远远超出合理程度,使得创新的设想或结果毫无使用价值。因此,在创新的过程中,要注意以下几点:新事物所依据的原理是否重叠,结构是否过于复杂,功能是否冗余。

(四)构思独特原则

《孙子兵法》有云"出奇制胜"。所谓"出奇",就是"思维超常"和"构思独特"。创新贵在独特,创新也需要独特。在创新活动中,关于创新对象的构思是否奇特,往往要从创新构思的新颖性、开创性和特色性几个角度进行系统考量。

(五)不轻易否定,不简单比较原则

在剖析、评判各类创新方案时,必须警惕轻易否定的不良倾向。创新之所以具备广泛性与普遍性,根源在于其海纳百川、包容多元。我们既要竭力克制盲目自负、过高估量自身设想的冲动,也要懂得珍视他人的奇思妙想与创意构想。

六、创新的过程

创新的过程一般分为两大步、四个阶段。两大步,即想和做;四个阶段,即准备阶段、思考阶段、顿悟阶段、验证阶段。(表1-1)

表1-1　创新过程

序号	过程步骤	具体措施
1	准备阶段	找问题,搜集资料,分析问题,找到创新的关键点
2	思考阶段	找到问题关键点后,开始寻找解决问题的突破口
3	顿悟阶段	在顺着问题的突破口思考的过程中,会有所顿悟
4	验证阶段	只有通过验证,才是可信的

创新,从本质上而言,就是要有勇气突破前人的思维局限,大胆涉足前人未曾踏足之地,既要敢想,更要敢为。若连想都畏首畏尾,裹足不前,付诸实践便更是遥不可及。

日常生活中,我们时常会听到类似"我一直认定那样做铁定不行""我过去压根儿就没往这方面琢磨过,经人一点拨,嘿,还真就这么回事"的感慨,不是吗?这恰恰反映出我们的思维常常被固有观念所束缚。故而,我们应时常主动开展一些"敢想"的思维训练,冲破思想的藩篱。古往今来,功成名就者大多是思维灵动、勤于思索之人。伴随知识经济时代大踏步来临,思想、创意以及崭新的知识点蕴含的价值愈发凸显,与日俱增。一个精妙绝伦的创意,或许就能挽狂澜于危急,助力濒危企业东山再起,开辟出一方前所未有的新天地。

那么,究竟该如何放飞想象,精准无误地进行创新性思考呢?这无疑是摆在我们面前亟待攻克的关键课题。诚然,仅仅怀揣绝妙的想法远远不够,还必须鼓足勇气将其付

诸实践。现实的残酷就在于,并非每一个创意都能瓜熟蒂落,收获理想的成效,都能赢得市场的青睐与接纳。倘若因惧怕失败而畏缩不前,因在意他人的眼光、担忧遭人嘲笑,诸如"要是搞砸了得多丢人现眼啊""大家准会把我当笑柄"之类的念头占了上风,那此人决然无法成长为出类拔萃的创新者。千里之行,始于足下,任何创新征程,都离不开勇敢迈出的第一步,一定要敢于尝试,不惧风雨。

复习与思考

　　1.结合当前某一项创新成果,分析它属于哪种创新类型,探讨其创新性质。

　　2.在一个组织内部(企业、学校、科研机构等),如何营造有利于创新的文化氛围和环境?

模块二　认识创新思维

【案例导入】

　　鬼谷子让孙膑和庞涓上山砍柴,要求"木柴无烟,百担有余"。孙膑选择烧榆木成炭,用柏树枝做扁担,意为"百(柏)担有余(榆)",满足了鬼谷子的要求,体现了创新思维。

一、创新思维的内涵

(一)创新思维的概念

　　创新思维是对现有的认识和实践的升华,突破现有的常规思路,以新颖独特的思路或方法探索未知领域或解决已有的问题,从而创造新的有价值的物质或精神产物的思维过程。创新思维需要灵活运用多种思维方式,如发散思维、聚合思维、逆向思维、灵感思维、直觉思维、逻辑思维等。创新思维作为思维的高级形式,是具有开创性意义的思维活动,是人类探索事物本质、获得新成果、促进个人发展和社会发展的有效手段。

(二)创新思维解决问题的过程

　　创新思维解决问题时需要一定的过程。比较有代表性的是英国心理学家华莱士所提出的四阶段论。华莱士认为,创新思维包括准备阶段、酝酿阶段、豁朗阶段和验证阶段。

1. 准备阶段

准备阶段是人们围绕某个问题广泛搜集信息,主动进行思考的有意识地准备的过程,是做前期准备的阶段。由于要解决的问题存在许多未知数,所以要搜集前人的成果和经验,从而为创造活动的下一个阶段做准备。例如,爱迪生为了发明电灯,据说光搜集资料整理成的笔记就有200多本,总计4万多页。可见,任何发明创造都不是凭空杜撰,而是在日积月累、大量观察研究的基础上形成的。

2. 酝酿阶段

酝酿阶段主要对前一阶段所搜集的信息、资料进行消化和吸收,找出问题的关键点,以便考虑解决这个问题的各种策略。有些问题由于一时难以找到有效的答案,通常会把它们暂时搁置。但思维活动并没有因此而停止,这些问题无时无刻不萦绕在头脑中,甚至转化为一种潜意识。酝酿阶段的显著特征是转移注意力,那些令人欣喜的想法往往会毫无预兆地出现。

3. 豁朗阶段

豁朗阶段,即顿悟阶段。经过前两个阶段的准备和酝酿,思维已达到一个相当成熟的阶段,在解决问题的过程中,常常会进入一种豁然开朗的状态,也就是获得灵感的狂喜阶段。此阶段的顿悟总伴随着忘我的"高峰体验",这是一种完全沉浸、忘我的状态。但此阶段的想法往往是模糊且不确定的,必须经过进一步的验证、修改和完善才能最终成型。

4. 验证阶段

验证阶段又叫实施阶段,主要是对前面三个阶段形成的方法、策略进行检验,以得到更合理的方案。此阶段是一个否定—肯定—否定的循环过程。通过不断的验证、检验,从而完善最初的创造性设想。

二、创新思维的特征

(一)敏感性

要突破常规思维框架并产生创新性成果,必须敏锐感知客观世界的变化。

(二)新颖性

创新思维重在创新,体现为思维方式、路径选择和观察角度上的与众不同。认识事物时不停留在原有的层面,而是通过全新视角进行分析,以独特方法解决问题,用创新的方式处理事务,最终创造出新产品、新工艺、新方法和新方案,形成新的实用价值。

(三)联动性

创新思维具有多维联动的显著特征,具体表现为三种形式:纵向联动指由现象溯源探究本质;逆向联动指从现象反推对立面;横向联动指关联相似或相关事物。这种特性通过由浅入深、由点及面、触类旁通的思维过程,实现认知突破与创新发现。

(四)开放性

创新思维是开放的,要求主体通过持续学习、深入思考,保持与外界信息、能量和物质的交互流动。

(五)跨越性

创新思维属于非常规性、非逻辑性的思维活动。具有创新思维的人常常独具卓识,敢于质疑,善于突破陈规和思想禁锢,能从新维度探索问题,通过另辟蹊径取得突破性发现。

三、创新思维的重要性

创新思维是人类思维活动的高级形态,它改变了传统思维习惯和逻辑规则,通过多角度思考产生新颖的、独特的、具有社会价值的观点或产品。在教育、科技、商业等多个领域,创新思维都发挥着至关重要的作用。它不仅能够推动科技进步,还能引领市场潮流,创造更多的商业价值。

(一)推动个人发展

是否具备创新思维,将决定一个人的发展前途。具备创新思维的人,在学习、工作和生活中往往展现出更强的灵活性与创造力,能够更有效地应对挑战、把握机遇,从而更容易取得突破和成功。

(二)促进企业发展

对企业而言,创新思维是其在激烈的市场竞争中脱颖而出的关键。通过不断创新,企业可以开发出更具竞争力的产品,提供更具竞争力的服务,满足消费者不断变化的需求,从而赢得市场份额,实现可持续发展。管理大师德鲁克曾表示,对企业来讲,要么创新,要么死亡。这句话深刻揭示了创新思维对企业生存和发展的重要性。

(三)引领社会进步

创新是一个民族进步的灵魂,是一个国家兴旺发达的不竭动力。中华民族历来勇于创新和善于创新,这些年国家和社会各方面的进步发展,正是勇于创新和善于创新的结果。具体来说,创新思维能够推动科技、文化、教育等领域的变革和发展,从而引领整个社会不断进步。

(四)提升国际竞争力

在全球化深入发展的今天,国家间的竞争已演变为创新能力的较量。创新思维作为提升国际竞争力的关键要素,通过培育创新型人才、强化科技创新体系、推动产业转型升级,能够帮助国家在全球竞争中占据战略制高点,构建持久的竞争优势。

复习与思考

1. 请结合自身经历,讲述一次你运用创新思维解决问题的实例,详细说明你运用创新思维的过程。

2. 分析当前教育体系在培养学生创新思维方面存在的优势与不足,并针对不足提出改进建议。

单元二 创新思维训练和创新创业能力培育

学习目标

一、了解影响创新思维形成的因素及培养方法。

二、熟练运用创新思维的训练方法。

三、熟知大学生创新创业能力的培养策略和培育路径。

单元导言

在时代的浪潮汹涌澎湃之际,创新宛如熠熠生辉的灯塔,照亮人类文明前行的漫漫征途。从古老的四大发明到如今的人工智能、量子计算,创新思维与创造力始终是推动社会变革、科技进步的核心引擎。对于每一位渴望在知识海洋中遨游并有所建树的学子而言,只有深入探索创新思维与创造力的奥秘,才有可能掌握开启未来无限可能的金钥匙。

创新思维,绝非墨守成规的因循,而是突破传统藩篱的果敢。它犹如灵动的飞鸟,在思维的天空中自由翱翔,跨越常规的边界,以全新视角审视世间万物。它能让我们在面对纷繁复杂的问题时,挣脱固有模式的枷锁,挖掘出前所未有的解决方案。创造力,则是这思维火花所淬炼出的稀世珍宝,是将无形的奇思妙想转化为有形价值的重要手段。它驱使我们把零散的知识、独特的感知与灵动的想象巧妙融合,塑造出独一无二的成果——无论是一篇震撼人心的文学佳作、一项改变生活的科研突破,还是一种别出心裁的商业模式。

本单元将深入剖析影响创新思维形成的相关因素、培养和训练方法及创新能力的培育等,通过理论的深度剖析、案例的生动解读以及实践的切身体验,让创新的种子在你们的心田生根发芽,茁壮成长。愿你们在这段旅程中,唤醒沉睡于心底的创新潜能,为自己的学术之路、职业之途乃至整个人生画卷,添上浓墨重彩、独具匠心的创新笔触,成为引领时代新风尚、开拓未知新领域的先锋力量。

模块一　创新思维培养方法

【案例导入】

3M 公司的一位研究员在研发强力胶时,意外研制出一种黏性较弱的胶水。按照常规思维,这或许是一次失败的实验,然而 3M 公司秉持创新理念,鼓励员工重新审视其应用价值。经过深入探索,这种看似"失败"的胶水最终催生了便利贴的发明。这项创新不仅革新了人们的笔记记录和信息提醒方式,更在全球范围内取得巨大成功。这个看似简单的创新产品不仅创造了全新的文具品类,更为公司带来了丰厚的商业回报。

一、影响创新思维形成的相关因素

1. 知识储备

丰富的知识为创新思维的培养奠定基础。知识能帮助人们掌握有关事物的原理、规律及已有成果,从而在此基础上实现突破与创新。以科学家屠呦呦为例,她对中医药知识的深入研究,加之对现代医学和化学知识的系统掌握,使其得以从传统药方中获取灵感。屠呦呦带领团队通过大量实验和研究,最终成功提取青蒿素,为全球疟疾防治工作做出重大贡献。若不具备这些专业知识储备,她也很难在疟疾治疗领域取得如此突破性成果。

2. 好奇心

好奇心作为创新思维的核心驱动力,推动人们主动探索未知领域、提出关键问题并寻求本质规律。以牛顿发现万有引力定律为例,其突破性成果源于对苹果落地现象的系统性思考——他不停留于观察表面现象,而是通过数学建模和实验验证,最终揭示物体间相互作用的基本规律,为经典力学体系的建立奠定了基础。这种由好奇心驱动的科学探索范式,印证了爱因斯坦关于"好奇心是科学工作者产生无穷毅力和耐心的源泉"的论断。

3. 想象力

想象力能够突破现实边界,构建超越现实认知的创新图景。J. K. 罗琳在创作《哈利·波特》系列图书时,通过天马行空的想象架构出完整的魔法宇宙,其中包含特色鲜明的魔法学院、独创的咒语体系及奇幻生物群落。这个精心构建的想象世界不仅开创了魔幻文学的新范式,更催生出跨媒体产业链——从改编电影到主题公园,从周边衍生品到电子游戏,全方位印证了想象力在文化创新中的核心驱动作用。

4. 思维方式

(1)发散思维。发散思维指从单一核心点展开多维度思考,生成多样化解决方案与创新路径。以产品设计为例,某设计团队在开发新型灯具时展开头脑风暴:基于基础照明功能,通过发散思维延伸出装饰功能(如多色氛围光效调节)、智能功能(如移动终端联动控制系统)、应急功能(如断电自动切换备用电源)等复合功能模块。这种思维模式有效拓展了产品的应用场景与价值维度,为创新产品提供了多维度的可行性方案。

(2)聚合思维。聚合思维强调对碎片化信息进行系统性整合,聚焦最优解决方案。以城市规划项目为例,在前期通过市民调研获取交通优化、绿地建设、商业布局等方面的海量建议(发散思维的产物)后,规划师运用聚合思维,通过权重分析、模型推演等方法,统筹土地利用率、人口密度、经济指标等核心参数,最终形成兼顾生态可持续性与社会发展需求的城市规划方案,实现空间资源配置与功能分区的整体优化。

5. 个性特质

(1)冒险精神。具有冒险精神的人勇于尝试新方法、验证新想法,不惧潜在风险。以埃隆·马斯克在电动汽车和太空探索领域的创业历程为例,当电动汽车市场尚未成熟且技术面临多重挑战时,他主导特斯拉汽车研发;在 SpaceX 研发可重复使用火箭技术期间,尽管遭遇多次发射失败仍坚持投入。这种冒险精神推动其在两个领域取得突破性创新成果,加速了行业变革进程。

(2)独立思考能力。具备独立思考能力者不受主流观点束缚,能够基于专业认知形成独特见解。以艺术家凡·高为例,其绘画风格突破当时学院派传统,通过对色彩、线条及画面表现的个性化诠释,创造出具有革新性的作品。尽管凡·高生前未获广泛认可,但其艺术理念最终奠定了后印象派绘画的基础,对现代艺术发展产生了深远影响。

6. 环境因素

开放包容的创新环境是创新思维培育的沃土。皮克斯动画工作室通过构建自由表达的企业文化,有效激发员工的创作活力。该工作室建立跨部门创意协作机制,允许动画师、编剧、技术人员共同参与动画故事架构、角色设计和技术研发。基于此环境诞生的《玩具总动员》系列作品,不仅在动画技术领域实现了重大突破,而且创新了电影叙事范式,推动了动画电影行业的整体革新。

二、创新思维的培养方法

1. 激发求知兴趣

(1)营造乐学氛围,让学生在学习过程中感受到快乐,从而激发其学习兴趣和主动性。

(2)通过提问、讨论等方式,引导学生深入思考,培养其质疑精神和探索精神。

2. 拓宽知识视野

(1)鼓励学生广泛阅读,涉猎不同领域的书籍和文章,以丰富其知识储备。

(2)组织跨学科交流活动,让学生有机会接触和学习其他领域的知识,促进知识融合与创新。

3. 培养批判性思维

(1)引导学生学会独立思考,不盲目跟从权威或传统观点。

(2)培养学生的逻辑思维和推理能力,使其能够理性地分析和评估各种观点与信息。

4. 鼓励创新实践

(1)提供实践机会,让学生在实践中尝试新的方法和思路。

(2)鼓励学生参与创新竞赛和项目,以锻炼其创新能力和团队协作能力。

5. 优化思维模式

(1)引导学生学会从不同角度思考问题,打破思维定式。

(2)培养学生的想象力和创造力,鼓励其提出新颖的观点和解决方案。

复习与思考

1. 回顾自身成长过程,分析家庭、学校和社会环境对自己创新思维的培养产生了哪些具体影响,有哪些促进因素和阻碍因素。

2. 结合自身实际情况,谈一谈如何培养创新思维。

模块二　创新思维训练

【案例导入】

　　淘宝"双十一"购物狂欢节始于2009年,由阿里巴巴集团时任淘宝商城总经理张勇策划,如今已成为全球知名的购物节。该活动最初以"光棍节"为切入点,逐步演变为全球性消费盛典。

　　据阿里巴巴集团官方披露,2009年天猫尚未更名,其前身淘宝商城团队计划打造线上购物节。经过对市场周期的分析,团队选定11月作为营销窗口:前有国庆黄金周消费疲软期,后临圣诞、元旦等传统购物季,且适逢换季,南北方消费者均需购置冬装等物品。通过日历筛查,最终锁定11月11日"光棍节"作为营销节点,鉴于单身群体可能更倾向于居家消费,团队决定借此契机推出促销活动。

　　首届"双十一"正式启动时仅有27个品牌参与,但活动临近结束时的统计数据显示,单日交易额远超预期的5000万元,最终以5200万元收官。至2019年,该活动单日成交额已达2684亿元,成为全球规模最大的线上购物节。

这一创新案例表明，突破传统思维定式，精准分析市场时机与消费需求，是推动商业突破的关键因素。阿里巴巴集团通过重新定义非传统消费节点，深度挖掘潜在消费场景，最终实现了从区域性促销活动到全球商业现象的跃迁。

创新思维是创新的核心，是多种思维方法的综合体。尽管思维定式会阻碍个人的创新思维，但可以通过系统的方法进行相应的训练。通过创新思维训练，大学生可以转换看待问题的视角，尝试寻找解决问题的新方法，进而增强个人的创新思维能力。

一、头脑风暴法

头脑风暴法是由美国创造学家亚历克斯·奥斯本提出的一种创新技法。它是通过组织小型会议，让与会者在轻松愉快的氛围中畅所欲言，提出各种想法和建议的一种激发思维的方法。在头脑风暴会议中，要求与会者遵循四条基本原则：一是禁止批评，即不对他人的想法提出批评和质疑；二是自由奔放，鼓励与会者尽可能地发挥想象力，提出新奇、独特的想法；三是多多益善，追求想法的数量而非质量；四是结合改善，鼓励与会者在他人想法的基础上进行改进和完善。

例如，某公司在研发新产品时，组织了一次头脑风暴会议。会议主题是"如何设计一款更具吸引力的智能手机"。与会者来自不同部门，包括研发、市场、设计等部门。在会议过程中，有人提出了"采用折叠屏设计"的想法，有人建议"增加全息投影功能"，还有人提出"开发个性化定制外壳"等。经过充分讨论和整合，最终确定了若干具有可行性的产品设计方向，为新产品的研发提供了重要思路。

二、思维导图法

思维导图法是由英国心理学家托尼·博赞提出的一种创新技法。它以发散性思考为基础，通过绘制思维导图将主题、关键词、图像、颜色等元素有机融合，帮助人们整理思路、激发创意。绘制思维导图时，首先要确定中心主题，然后围绕中心主题展开分支，每个分支代表一个与主题相关的子主题或要点，并在分支上标注关键词或绘制图像等。

例如，某学生在准备以"环境保护"为主题的论文时，运用思维导图法进行构思：以"环境保护"为中心主题，分别延伸出"水污染防治""大气污染治理""固体废弃物处理""生态保护"等分支，并在各分支下进一步细化。如在"水污染防治"分支下列出"污水处理技术""水资源保护政策""公众环保意识提升"等子分支。通过这一方法，学生不仅清晰梳理了论文结构与内容，还发现了新的研究视角与切入点。

三、六顶思考帽法

六顶思考帽法是由英国学者爱德华·德·博诺提出的一种创新思维训练模式。该方法将思考过程分为六个不同的维度,分别用六种颜色的帽子作为象征:白色帽子代表客观事实和数据;红色帽子代表情感、直觉和预感;黑色帽子代表谨慎、批判性思维和风险评估;黄色帽子代表乐观、积极的思考和建设性意见;绿色帽子代表创新、创意和新的想法;蓝色帽子代表控制、组织和协调思考过程。

例如,在讨论一个投资项目方案时,团队成员可以运用六项思考帽法进行系统化分析。首先戴上白色帽子,收集与项目相关的客观数据及信息,包括市场规模、投资回报率、风险概率等核心指标;随后切换至红色帽子,引导成员表达对项目的直觉判断与情感倾向;继而使用黑色帽子,系统评估项目可能存在的风险隐患与实施挑战;紧接着启用黄色帽子,聚焦挖掘项目的竞争优势与潜在市场机遇;此后运用绿色帽子,促使团队成员提出创新性解决方案及优化建议;最终戴上蓝色帽子,对整体思考流程进行结构化梳理,协调各方观点,形成决策共识。

复习与思考

1. 组织一次关于"校园闲置物品共享平台设计"的头脑风暴活动,详细记录活动全过程,包括参与者提出的主要想法。

2. 以"在线教育产品优化"为主题进行产品优化方案设计并绘制详细的思维导图。

模块三　创新创业能力培育

【案例导入】

在智能交通变革的时代浪潮中,北京理工大学青年科学家倪俊用十余年时间完成了从赛车研究爱好者到无人车研究领域领军人物的蜕变。这位"90 后"科研工作者以"立大志,做大事"为信念,带领团队在智能汽车领域实现多项技术突破,推动中国智能汽车产业创新发展。

2009 年,倪俊考入北京理工大学车辆工程系,开启了他的汽车科研之路。本科期间,他带领学校的方程式赛车队构建了完整的动力学方法体系,2013 年成为北京市唯一获得"中国青少年科技创新奖"的本科生。攻读博士期间,他敏锐地把握住无人驾驶技术发展趋势,组建了 70 人的北理工无人赛车队,成功研发了世界上首辆无人驾驶的大学生方程式赛车,推动创办了拥有独立技术规则体系的中国大学生无人驾驶方程式汽车大赛,为我国智能汽车领域的人才培养做出了贡献。

在瞬息万变的信息时代,大学生正面临着激烈的人才竞争,若想在物竞天择的社会中占据一席之地,必须拥有自己的核心竞争力。以普拉海拉德和海默于 1990 年提出的

"公司核心竞争力"为参考,人们提出了"个人核心竞争力"的概念。个人核心竞争力是指不易被别人模仿的、具有持续竞争优势的生存和发展能力,是个人综合素质的集中体现。构成个人核心竞争力的四大能力包括天赋能力、学习能力、创新能力和自制能力。伴随着时代的发展、经济全球化的深化、人力资源配置的不断升级,创新能力已日趋成为个人核心竞争力的关键要素。

一、创新能力的概念

美国心理学家斯滕伯格认为,"创新力是产生新异的、高质量的、适宜的(有用的,满足任务制约的)工作的能力"。也就是说,创新能力强调两个方面,即创新成果首先应该是新的(原创的)和适宜的(有用的),如果一个人发明的东西或创作的艺术没有任何价值,则该创新活动也无意义;其次,创新能力涉及两个方面,即思考和实践,如果一个人有想法却不采取行动,那么他仅仅是富有想象力而非拥有创造力。

事实上,创新能力通常是以前人发现为基础,任何人的创新活动都离不开人类已有的知识和信息,而人类社会的发展就是通过不断地继承、批判和创新实现的。

二、大学生创新创业能力培养策略

大学是直接推动社会发展的智力支撑。21 世纪是知识爆炸的时代,伴随着科学技术的日新月异,人类正经历第三次科技革命浪潮的冲击。随着信息社会的加速发展,创新创业能力培养受到前所未有的重视并快速普及。创新创业能力培养的目标主要有三个:首要目标是培养学生识别和捕捉新机遇的能力;其次是提升学生掌握并运用管理知识与技能的水平;最终目标是培养学生应对不确定环境的能力。那么,应如何有效培养大学生的创新创业能力?以下培养策略可供参考。

(一)科学规划

对有志于创新创业的大学生而言,应在实践行动前系统了解创新创业者应具备的人格特质,继而客观评估自身不足,在日常学习生活中进行针对性提升。具体实施路径包括:基于专业背景与兴趣特长确定创业方向,深入调研行业生态,通过多渠道接触行业资源,系统学习该领域必备知识与技能,持续完善知识结构。唯有制订科学的创新实践规划,才能有效弥补初创期的短板,降低试错风险。

大学是大学生实现价值、成就事业的新起点。大学生需从高考胜利的短暂满足中清醒认识到:必须立足高等教育的客观规律与自身实际,制订涵盖学业发展、道德修养、心理成长等维度的综合素质提升规划。

大学生需理性审视并准确定位个人兴趣。切忌将一时的兴趣简单等同于志趣,而应通过实践体验与独立思考进行判断;也不宜将个人兴趣直接等同于职业方向,而应努力探寻个人天赋与兴趣特长的最佳契合点。

（二）强化创新意识

创新实践初期，创业者的人格特质通过创业意识发挥作用。在人格特质趋于完善的基础上，若能同步形成良好的创业意识，将有效引导创业者在创业筹备阶段自觉地培养和提升创业能力。有创业意向的大学生应重点强化四类核心意识：责任意识、市场意识、竞争意识与合作意识。

（三）积极参与创业实践

创业实践是大学生接受创新思维教育、提高创新能力的重要渠道。创业实践不仅能激发大学生的想象力和创造力，还能帮助他们在了解目标行业发展前景和任职要求的基础上，客观评估自身的能力水平，培养创业者所需的个人特质；不仅能锻炼大学生的抗压能力与应变能力，还能促进其自我管理能力的提升。同时，在参与创业实践的过程中，大学生通过社会互动不断增强创新精神和实践能力，最终实现知识积累、能力提升与素质养成的全面发展目标。

三、大学生创新创业能力的培育路径

近年来，随着我国教育制度的深化改革，大学生的就业压力持续增大，用人单位对毕业生的素质要求日益提高。在此背景下，高校、政府、产业、社会等多元主体亟须协同提升大学生的创新创业能力，为其职业发展奠定坚实基础。

（一）学生主体参与路径

该路径主要是大学生通过自我塑造与创业学习（经验学习、社会网络学习）来培育创业能力。具体而言，创业学习包含两方面：一方面，大学生通过志愿服务提升创新创业能力；另一方面，大学生可以借助社会网络，在与他人进行经验交流、互动的过程中获得创业知识，提高创新创业能力。

大学生培养创业兴趣的关键在于开阔视野，接触多元领域，而大学为其提供了探索多样化领域的平台和机遇。因此，大学生应充分把握在校时间，高效利用学习资源，借助图书馆、选修课程、网络资源、专题讲座、勤工助学及社团活动等途径拓展认知边界。当其明确自身的职业兴趣后，可进一步通过课外学习、跨专业选修或旁听课程深化认知，亦可主动寻求假期实习机会以了解相关行业特性，或在感兴趣的领域持续提高专业知识和能力。

（二）高校培养路径

高校可从优化创业教学模式、构建创业教育课程体系、搭建创业实践平台、打造创业教育师资队伍、强化创业支持服务等方面培育大学生的创新创业能力。①在优化创业教学模式方面，可采用案例教学、翻转课堂、实践教学、情境学习、个案指导、团队学习等教学方法对大学生进行创新创业教育。②在构建创业教育课程体系方面，可通过开发专业与通识融合课程、理论与实践结合课程、层次性与广谱式课程、隐性课程、项目课程等方式对大学生的创新创业能力进行提升。③在搭建创业实践平台方面,可以创业竞赛、科技园区、孵化器等为载体对大学生进行创业实践训练。④在打造创业教育师资队伍方面,一是深化校企合作,遴选具有创业实战经验的企业家、投资人组建校外导师库,通过"双导师制"实现产业经验教学与理论教学的深度融合;二是强化校内教师发展体系建设,通过创业实训工作坊、企业挂职实践、国际学术交流等途径提升校内教师的实践指导能力,同步建立创业教育专项考核与激励机制,将行业服务成果纳入职称评定体系;三是搭建"高校—企业—科研机构"协同平台,组建跨学科创业教学团队,形成理论传授、案例解析、项目孵化三位一体的教学能力矩阵,最终构建起兼具学术底蕴、实战经验和创新视野的复合型师资队伍。⑤在强化创业支持服务等方面,通过营造创业文化氛围、加强智慧校园建设、完善学生创业激励机制,系统培育学生的创新创业能力。

提供优质高效的社会服务已成为 21 世纪大学的核心使命。大学应以创新为引领,充分整合优质资源,为社会提供全方位的高水平服务,着力建设社会服务中心。通过不断强化知识创新与技术创新,重点培育高新技术产业集群,构建产学研深度融合的高效成果转化机制。需要强调的是,大学的社会服务功能具有多维特性:既要立足现实需求,更要着眼长远发展;既要满足当前社会需要,更要以前瞻视野科学预判未来趋势,在推动科技进步的同时,为社会提供精神引领与道德示范,实现服务当下与引领未来的有机统一。

(三)政府、企业、社会协同参与路径

政府、企业、社会等外部主体可以从政策保障、资金投入、平台搭建、氛围保障等方面着手培育大学生的创新创业能力。

对政府而言,需提供资金支持、完善基础设施、实施反垄断措施、建立创新创业发展机构,并构建政府、企业与高校间的无缝衔接机制、利益共享机制、创业驱动及孵化机制;对企业而言,需与高校共建大学生创新创业实践基地,并加强创业导师队伍建设;对社会而言,应建立多元推动机制与资源支持体系,同时推进创新创业文化建设。

复习与思考

　　1. 大学生创新创业能力的培养策略有哪些?

　　2. 大学生创新创业能力的培育路径有哪些?

第二部分

大学生创业指导

创业不仅是大学生实现个人价值的重要途径，更是推动社会进步的动力源泉。在机遇与挑战并存的现代创业生态中，精准识别商业机遇与科学构建商业模式构成成功创业的基石。本部分内容将深入探讨如何从零开始构建创业团队，依据个人兴趣、专业特长选择合适的创业方向；详细介绍创业计划书的撰写技巧，从市场分析到财务预测，让创业计划书成为吸引投资者的有力工具；创业过程中的风险管理更是重点，解读常见的创业风险与应对策略；还会涉及创业团队的组建与管理、创业资源的整合与利用等创业软技能培养，使大学生能够在创业之路上稳健前行。

单元一 创业机会与商业模式

学习目标

一、掌握创业机会的识别方法。

二、了解大学生创业前应做的准备工作。

三、了解商业模式及其设计。

单元导言

创业是发现市场需求并寻找市场机会,通过投资和经营企业来满足该需求的活动。创业需要把握机会,虽然我们身边潜藏着许多创业机会,但往往缺乏善于发现的眼睛。发现创业机会是有规律可循的,创业者需要掌握特定方法,才能有效识别这些机会。此外,创业机会往往伴随着风险,创业者需准确识别其中潜在的风险,并制定相应的防范措施,以使创业的价值最大化,进而实现创业目标。

在学习之前,请同学们思考一下:生活中你们是否发现过适合自己的创业机会? 你们是否成功把握住了这些创业机会? 创业者应如何识别和防范创业风险?

模块一 创业机会的识别

【案例导入】

周涛是一名退伍军人,参加过1998年长江抗洪和2003年华县抗洪,曾荣立三等功一次,荣获"优秀士兵"称号一次。2009年,他怀着对部队的眷恋与不舍脱下军装转业。令家人和战友意外的是,他主动放弃国家安置的工作机会,选择将岗位留给更需要的战友,自己则返回家乡创业。

创业初期,周涛仅有部队发放的转业费作为启动资金。经历多次尝试与挫折后,他总结出经验:随着电子商务的兴起,应重点开拓这一领域。一次,他去岳父家时注意到当地果农的困境——每年猕猴桃成熟季,村民既为争取好价格发愁,又面临滞销风险。这促使他萌生了通过电商平台帮助果农打开全国销路的想法。经过市场调研,他仅用数月便启动了猕猴桃网络销售业务。

初期，由于缺乏行业经验，在从选果到发货的各环节周涛都遇到了难题，果品规格把控、成熟度判断、运输包装等问题接踵而至。首批猕猴桃虽勉强完成配送，但因包装技术不成熟且遭遇高温天气，导致客户收到大量腐烂果品。按照电商平台规则，他不仅要赔偿客户损失，还要承担平台罚款。危急时刻，周至县经贸局与电商办领导实地考察，详细了解选果和发货流程后，协调农业专家提供技术指导，并联合当地合作社供应优质货源。

在第二次活动准备中，周涛组织了一批优质货源，并按照周至县经贸局提出的建议，将果品分选等级，按不同等级、不同销售方式进行包装。这次活动中，由于准备较为充足，周涛一下销售出去上万单，比第一次活动多卖了几千单。在县经贸局与电商办的激励下，结合前期调研与两次实战经验，周涛投资1000余万元建设厂房与冷库，创立供应链管理有限公司，构建起完整的供应链园区。

目前，周涛的公司已运营四年有余，始终以"电商＋产业＋扶贫"为核心战略，通过平台搭建、联盟协作、资源共享等模式持续对接外部商业资源，现已与拼多多、京东、天猫、每日一淘、达令家等全国性电商平台建立合作，为周边村民创造大量就业机会。未来，公司将进一步扩大规模，深化与村镇尤其是贫困户的合作，发展订单农业并签署猕猴桃销售协议，在"产—供—运—销"全产业链环节中优先录用全县建档立卡贫困户就业，助力群众创业增收、脱贫致富，为农村电商发展与电商扶贫注入新动能。

如果说好的创业机会是成功的一半，那么精准识别创业机会便是迈向成功最关键的第一步。

一、创业机会的内涵及来源

创业机会，又称商业机会或市场机会，是指具有吸引力、持久性和时效性的一种商业活动空间，最终体现为能够为客户创造或增加价值的产品或服务。创业机会易受环境、市场、信息等因素影响。创业者可以凭借自身特有的商业敏感性来识别并抓住创业机会。具体而言，创业机会主要有以下来源。

(一)来自问题的创业机会

商业的基本目的是满足市场需求并实现持续盈利，这也是企业生存发展的基础。而市场需求没有得到满足本身就是创业机会。因此，寻找创业机会的一个重要途径是善于发现没有得到满足的市场需求。

(二)来自变化的创业机会

创业的机会大都产生于不断变化的环境。环境变化了，市场需求、市场结构必然发生变化,就会给各行各业带来商机。变化是创业机会产生的重要原因,人们往往可以在这些变化中发现新的创业机会。变化主要包括四种变革:技术变革;政治和制度变革;社会和人口变革;产业结构变革。

(三)源自创造发明的创业机会

创造发明能够提供新产品和新服务,从而更好地满足顾客需求,同时也带来了创业机会。在人类发展史上,每次重大发明创造都引发产业结构的重大变革,并催生出无数创业机会。例如,计算机的诞生不仅推动了数码相机的发明,还催生了网上开店等新型商业模式,相关创业机会也随之大量涌现。值得注意的是,即使不进行发明创造,人们也可以通过销售和推广新产品来把握商机。

(四)来自竞争的创业机会

如果你能察觉竞争对手的缺陷并弥补其不足,这也将成为你的创业机会。看看你周围的企业:你能比他们更快、更可靠、更便宜地提供产品或服务吗?你能做得更好吗?若能,你或许就找到了机会。

(五)来自新知识、新技术的机会

新知识可以改变人们的消费观念:新技术可以进一步满足人们的需求,甚至使人们产生新的需求进而引导消费。例如,当生产微型电子计算机技术成熟后,中国企业也获得了生产计算机的创业机会,华为等企业抓住了这个机会。

二、创业机会的识别

创业,即创业者在繁杂而多变的创意中筛选出理想的创业机会,随后组织资源并着力开发该机会,将其转化为实体企业直至最终获得成功。在此过程中,创业者需反复权衡机会的潜在预期价值与自身能力,其对于创业机会的战略定位也渐趋明晰。这一过程被称为创业机会的识别。它可分为三个阶段:机会搜寻阶段、机会识别阶段、机会评价阶段。(图 2-1)

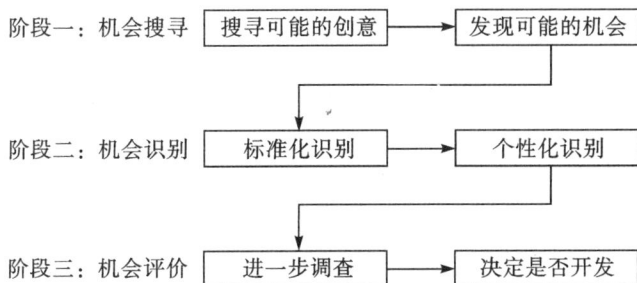

图 2-1 创业机会的识别过程

（一）机会搜寻阶段

本阶段，创业者需对经济系统中潜在的创意展开全面搜索。当创业者识别出某个创意具有商业潜质且具备发展价值时，即可转入机会识别阶段。在此过程中，创业者应通过多元渠道尽可能广泛地收集创业构思，不必急于评估创意的可行性，而应着重对所有设想进行系统记录和整理。

（二）机会识别阶段

这里的机会识别是指从创意中筛选有效商业机会。这一过程包括两个步骤：首先是通过整体市场环境与行业趋势分析，判断该机会是否具备宏观层面的商业价值，即机会的标准化识别；其次是对特定的创业者和投资者进行考察，考察机会与创业者核心资源、能力结构的契合度，以及与投资者的战略偏好、价值预期的匹配程度，也就是机会的个性化识别。

（三）机会评价阶段

本阶段，创业者通过系统化评估为决策提供依据，主要涵盖财务预测模型构建、创业团队能力评估及资源整合可行性分析等内容。经综合评价后，创业者将据此决定是否启动企业注册流程并推进融资计划。

通常情况下，机会识别和机会评价是共同存在的，创业者在对创业机会进行识别时也会有意或无意地进行评价活动。在机会识别阶段初期，创业者通常通过市场需求初步调研和资源可得性非正式评估，筛选出具备开发潜力的机会；随着开发进程推进，评估逐步转向结构化分析，重点验证资源组合的商业化路径能否实现预期价值创造。这种动态评估机制贯穿机会识别的整个周期。

复习与思考

1. 创业机会的内涵是什么？
2. 创业机会的识别分几步？
3. 初创者应当怎样识别并抓住创业机会？

模块二　创业前的准备工作

【案例导入】

2015年，西安市人力资源和社会保障局确定涵盖电子信息、文化创意、农业、软件等多个行业的21家企业单位为西安大学生创业实训基地。

西安市人社局工作人员介绍说，这21家基地可以提供师资培训、岗位实践、项目评估、新创企业孵化、创业政策研判等免费服务,帮助有意向创业的大学生提高创业技能,积累创业经验,促进其成功创业。

按照相关政策,近5年内取得毕业证书或年龄小于35周岁的大学毕业生(含研究生)及海外留学归国人员,均可申请到这21家基地进行创业实训。

据介绍,符合上述条件且有创业意愿的大学生,可持身份证、学历证书向西安市人才中心提出申请,填写相关推荐表后,由人才中心推荐至实训基地。实训期一般为3~6个月,最长不超过1年。

在就业形势严峻的今天,创业已成为一条重要的出路,越来越多的大学生怀着创业致富、自立自强的理念走上社会。然而创业的艰难不言而喻,大学生创业失败的案例屡见不鲜。正因如此,创业前的准备工作显得尤为重要。本文将从创业所需知识储备与创业者必备素质两个方面,简要探讨大学生在创业前应做哪些准备。

一、知识储备

对于创业者而言,无论其计划涉足何种创业领域,都必须具备相应的商业知识,包括管理知识、营销知识、财务知识、专业知识和政策法规知识等。

(一)管理知识

对于企业而言,实行优化管理并实现最大化的经济效益与社会效益是其永恒的追求目标。管理本质上是依托计划、组织、控制、激励和领导,对人力、物力、财力等资源进行有效协调,从而实现既定管理目标的过程。

在企业运营过程中,所有关系本质上都体现为人际关系,任何资源分配也始终以人为核心。因此,管理工作的核心要义在于协调人际关系。为确保组织高效运转,必须实现各部门、各单元之间及其与个人活动的协同配合,同时确保人力、物力、财力的统筹配置协调统一。有效协调各类资源,提升组织整体运行效能,正是管理活动的根本价值所在。管理知识主要涉及计划、组织、控制、激励、领导等方面的知识。

(二)营销知识

营销即企业发现或挖掘潜在的消费者需求,通过营造整体氛围和优化产品形态来推广销售产品。其核心在于深入挖掘产品内涵,精准契合消费者需求,从而引导消费者全面认知产品并最终实现购买的行为过程。

营销活动始于产品研发阶段,持续至产品销售完成,贯穿企业经营全流程,主要包含以下知识:市场预测与市场调查知识、消费心理知识、定价知识和价格策略、仓储知识、销售渠道的开发知识、营销管理知识、社交礼仪等。

(三)财务知识

企业经营活动所需的劳动力、生产资料和信息资源均需通过资金购买,日常运作的各项开支亦需通过财务部门进行统筹安排,最终经营成果也将以资金使用效益的形式呈现。企业能否实现持续发展,财务管理始终是最核心的要素之一。要构建科学的企业财务管理体系,需系统掌握以下专业知识:货币金融工具(支票、本票、汇票等)运作原理,信用评估及资金筹措知识,资金核算及记账知识,证券交易、信托管理及投资知识,财务会计基本理论与实务操作知识等。

(四)专业知识

创业者在工作中无须追求面面俱到,但熟练掌握专业知识与精湛技能确是立足行业的基本前提。这一原则对白手起家的创业者尤为重要。在当今人才主导、注重专业度的社会环境中,试图通过权力或资本优势垄断行业资源已不现实,诸多明星跨界经商血本无归的案例便是明证。专业知识是创业成功的基石,它帮助创业者精准识别市场需求、构建科学商业策略、高效解决复杂问题,并在技术驱动型行业中形成核心竞争壁垒。通过专业洞察,创业者能建立技术门槛、优化资源配置、预判行业风险,同时提升团队领导力和决策可信度,避免盲目试错。在创新迭代加速的市场环境下,专业知识既是抵御不确定性的"护城河",也是推动产品服务持续升级的基础支撑,尤其是在科技、医疗等专业领域,深厚的专业知识储备往往决定着创业项目的存活周期与发展上限。

(五)政策法规知识

了解政策法规知识在创业过程中至关重要,它不仅是企业合规经营的基础,更是规避法律风险、把握政策机遇的关键。创业者通过熟悉行业准入、税务、劳动法、知识产权保护等方面的法规,可避免因违规导致的处罚或诉讼;同时,及时掌握政府补贴、税收优惠、产业扶持等政策动态,有助于降低运营成本、获取资源支持。此外,政策导向往往反映市场趋势,理解政策法规变化能帮助企业预判风险、调整战略,在市场竞争中抢占先机,最终提升创业成功率与企业发展的可持续性。

二、必备素质

(一)心理素质

心理素质是指创业者应具备的心理特质,包括动机、兴趣、性格、气质等要素。心理素质在创业过程中具有重要作用,它直接影响创业者面对挑战时的抗压能力、决策质量及持续成长的潜力。强大的心理素质能帮助创业者在不确定性中保持理性判断,于失败时迅速调整策略并汲取经验,面对高压环境时维持情绪稳定与团队凝聚力,同时以坚韧的毅力推动长期目标的实现。这种内在韧性不仅能抵御创业高风险带来的波动,更能转化为企业创新突破的动力,是企业短期生存与长远成功的关键。

(二)身体素质

身体素质是创业者创业成功的基石。高强度的工作节奏、高压决策和长期熬夜需要充沛的体力支撑。良好的身体机能不仅能保障创业者的日常工作效率,更能使其维持稳定的情绪与清晰的思维。强健的体魄还有助于创业者提升抗压能力,在应对危机时保持韧性,同时为持续奋斗提供生理基础,避免因健康问题中断创业进程。本质上,创业者的身体素质与其事业续航能力呈正相关,是创业成功的必要保障。

(三)能力素质

创业是资源整合、风险承担和持续创新的动态过程,创业者往往需要具备多种能力。

1. 创新能力

创新能力是民族进步的灵魂,是经济竞争的核心。当今社会的竞争,与其说是人才的角逐,不如说是创新能力的较量。对创业者而言,这种创新能力尤为重要。优秀的创业者需要具备创新思维,善于根据环境变化及时调整战略目标,提出新颖方案,在开拓新局面的同时勇于闯出新路径。可以说,持续创新正是创业者保持竞争优势的关键所在。

2. 分析和决策能力

分析与决策能力是创业者基于主客观条件,通过系统梳理、科学评估,最终确定企业发展方向、战略目标及创业实施方案的核心能力。创业者需要具备科学高效的决策能力,在瞬息万变的市场环境中精准把握发展机遇,为企业赢得战略先机。在创业初期,创业者应对众多潜在目标进行系统分析比较,结合自身专业优势、资源和市场趋势,选择最适配的发展路径与实施方法。

3. 用人能力

市场经济中的竞争本质上是人才的竞争,谁拥有优秀的人才,谁就能占据市场优势并赢得顾客青睐。若创业者不能吸纳德才兼备且志同道合的人才共同创业,其事业将难以取得成功。因此,创业者必须具备识人之明与用人之智,善于招揽能力强或具备专业特长的优秀人才携手共创事业。

4. 组织和协调能力

创业者要打开工作局面,就必须学会协调各方面的关系,化解矛盾,消除阻力,变消极因素为积极因素,从而保障创业顺利推进。

5. 社交能力

社交能力是指创业者在实现创业目标过程中,与内部成员进行高效沟通的能力,以及协调各类外部社会关系的能力。作为创业者必备的核心素质,这项能力直接影响创业项目的成败。

创业者需妥善处理外部公共关系,尤其应注重争取政府职能部门等的理解与支持。同时要善于凝聚共识,团结一切可团结的力量,在求同存异中推动企业协同发展。具体实践中,既要坚持原则底线,又要保持策略弹性,实现原则性与灵活性的有机统一。唯有构建和谐的内、外部人际关系网络,营造有利于创业的良性生态,方能夯实事业发展的基础。

6. 激励能力

创业的成功依赖高效的组织体系,团队的核心目标在于激发成员的潜能。因此,创业者需要通过多种激励手段调动成员的积极性,从而增强团队凝聚力。

需要强调的是,创业者并非必须完全具备所有素质才能创业,但必须具备持续提升自我的意识和行动力。提升路径可概括为持续学习与自我革新双轨并行。真正成功的创业者,必然是终身学习者与自我革新者。

哈佛大学拉克教授的论述颇具意义:"创业对大多数人而言是一件极具诱惑的事情,同时也是一件极具挑战的事。不是人人都能成功,也并非想象中那么困难。但任何一个梦想成功的人,倘若他知道创业需要策划、技术及创意的观念,那么成功已离他不远了。"

复习与思考

1. 简述创业前应做好哪些知识储备。

2. 深入了解一位成功的创业者,分析助其创业成功的素质有哪些。

模块三　商业模式及其设计

【案例导入】

郝欣欣是山东烟台人,大学毕业后,在上海浦东一家 IT 公司找到了一份程序员的工作。2003 年 6 月,郝欣欣过生日,男友为她筹备了一个生日聚会,亲朋好友来了七八位。郝欣欣是个极爱干净的人,要求所有人换了拖鞋才能进屋,她家的四双款式奇特的拖鞋引起了大家的兴趣。"这拖鞋跟我们平时穿得不一样啊!""这是'懒人拖鞋',底部有一层丝状纤维材料,防滑、耐磨,可以在走路的同时吸附地板上的灰尘。""太有意思了,我要试试!""我也要试试!"几个女同事立刻争抢起来。

"好舒服啊,感觉就像踩在地毯上一样。不过,洗起来也很麻烦吧?""一点都不麻烦,放在水里泡一下就行。""你可真会偷懒!"

郝欣欣得意地说:"这算什么! 我们家那位是标准的'新时代懒人',家里的'懒人用品'多着呢。"

郝欣欣随即向大家展示了各式"收藏"——怎么躺怎么舒服的懒骨头沙发,连锅都能扔进去一块洗的新型洗碗机,只要把菜放进去就能炒菜的自动炒菜锅,自动升降的晾衣架,躺在床上也能畅游网络世界的床上电脑架……五花八门,功能各异,看得大家眼花缭乱,目瞪口呆。

"这么多奇奇怪怪的东西,你们都是从哪儿淘来的啊?"

"我们家那位是'职业买手',常年周游各地搜罗时尚新品,这些都是他的'懒人用品'。"说到偷懒,大家来了兴致。"我们每天除了上班,还要做饭、洗衣服、打扫房间,根本没时间娱乐。如果多一些这种'懒人用品'帮我们分担家务,那该多好啊!""反正你男朋友有货源,不如开家'懒人用品'专卖店吧,一定很赚钱!"

说干就干。2003年10月,郝欣欣辞了职,和男友拿出6万元积蓄,开始了他们的"懒人创业计划"。郝欣欣负责到上海各大批发市场搜罗一次性用品:毛巾、牙刷、香皂、汤匙、碗碟、内衣裤、拖鞋……男友也利用为商场选货的机会,到全国各地帮她搜罗一些迎合"新懒人"口味的时尚用品,如"懒人花盆"、自动洗菜机、把脚放上去就能将鞋擦得光亮的电动擦鞋器。

产品到位了,店面又成了问题。上海是国际化大都市,寸土寸金,要想在繁华地段开店,没有几十万元想都不要想。"我们可以把店开在浦东那些写字楼里,那里聚集着数万名白领。他们工作忙碌,经常加班、出差,最需要这些'懒人用品'了。"男友的一句话点醒了郝欣欣。

郝欣欣很快在浦东选中了一间40多平方米的闲置店铺。她仿照超市的格局,在店内布置了两个开放式货架,将产品一一陈列其上。她还在店门口设置了一个演示台,为顾客演示这些"懒人用品"的奇妙之处。

开业没几天,小店的营业额就达2300元。考虑到许多白领工作繁忙,时间有限,郝欣欣还制作了精致的介绍"懒人用品"的小册子,分发到附近的写字楼里。她还在此基础上推出了送货上门及邮购业务,使营业额大大增加。

很快,郝欣欣和她的"懒人用品"专卖店在上海滩走红,越来越多的人慕名而来。郝欣欣每卖出一件商品,就记录下来,然后对畅销的商品大量进货。4个月后,郝欣欣收回了所有投资。半年后,小店的月盈利就突破了2万元。

2005年初,郝欣欣的手里有了20万元。为了扩大经营,她在上海又开了两家分店,生意同样红红火火。谁知,好景不长。两个月后,上海冒出了五六家"克隆"店,还将价格压得很低,使郝欣欣的生意大受影响。眼看着曾经人声鼎沸的店渐渐沉寂下来,两家分店几乎到了"关门大吉"的地步,郝欣欣心急如焚。

开专卖店,产品是关键。只要产品种类齐全,品质一流,价格优惠,一定能夺回市场。

郝欣欣开始频繁出现在各种小商品交易会上,从成千上万件参展商品中,挑选适合"懒人"使用的新商品。此外,她还让男友为她搜罗国外的"懒人用品"。

经过一番搜寻,店里的商品丰富起来,多达200种,涉及衣、食、住、行各个方面。

有了这些新产品,郝欣欣的店的经营优势再次显现出来。2005年末2006年初,郝欣欣又相继开了3家分店,个人资产高达130万元。

一、商业模式

长期从事商业模式研究和咨询的埃森哲公司认为，商业模式至少要满足两个必要条件：必须是一个整体，具有一定的结构，而不仅仅是单一的组成因素；组成部分之间必须有内在联系，并有机地关联，互相支持，共同作用，形成一个良性的循环。

因此，商业模式实际上是一种包含了一系列要素及其关系的概念性工具，用以阐明某个特定实体的商业逻辑，描述了公司能为客户提供的价值以及公司的内部结构、合作伙伴网络和关系资本等用以实现（创造、营销和交付）这一价值并产生可持续、可营利性收入的要素。按照这一观点，商业模式应具备五个特征：包含诸多要素及其关系；是一个特定公司的商业逻辑；是对客户价值的描述；是对公司的构架和它的合作伙伴网络与关系资本的描述；产生营利性和可持续性的收入流。

二、商业模式画布

按照商业模式涉及的三个基本问题——价值创造、价值获取和价值传递，在设计和分析商业模式时，商业模式画布是一种非常有效的方法。它是一种用来描述商业模式、可视化商业模式、评估商业模式以及改变商业模式的通用语言。商业模式画布包含九个基本构造模块：客户细分、价值主张、渠道、客户关系、收入来源、核心资源、关键业务、重要伙伴、成本结构。

（一）客户细分

客户细分用来描述一家企业想要接触和服务的人群或组织，主要解决以下问题：我们正在为谁创造价值？谁是我们最重要的客户？

一般来说，可以将客户细分为五种群体类型。①大众市场群体：价值主张、渠道通路和客户关系全都聚集于一个大范围内的客户群组，具有大致相同的需求和问题；②利基市场群体：价值主张、渠道通路和客户关系都针对某一利基市场的特定需求，常可在供应商和采购商的关系中找到；③区隔化市场群体：客户需求略有不同，细分群体之间的市场区隔有所不同，所提供的价值主张也略有不同；④多元化市场群体：经营业务多样化，以完全不同的价值主张迎合完全不同需求的客户细分群体；⑤多边平台或多边市场群体：服务于两个或更多的相互依存的客户细分群体。

（二）价值主张

价值主张定义了一家企业的产品或服务是怎样满足消费者需求的。在开发或分析一家企业的价值主张的时候，需要理解用户为什么选择同这家企业进行业务往来而不是其他企业？这家企业提供的产品或服务在哪些方面是其他企业所不能或没有提供的？一般而言，企业更需要从消费者的角度来识别自己的价值主张。例如，对电子商务的用户来说，他们的期望主要包括对个性化和定制化产品的需要、降低产品搜索成本的需要、成本节约和便宜价格的需要以及操作简易的需要等。然而具体到某个特定的市场和行业,应对用户的价值需要重新准确识别。

(三)渠道

渠道用于描述企业如何与客户进行沟通和接触。借助渠道,企业可以有效地向客户传递其价值主张。一般而言,企业与顾客的接口主要包括宣传、分销和销售等。好的渠道能够帮助企业有效地向客户宣传企业的产品和服务,传递企业的价值主张,能协助客户购买企业的产品和服务,并为其提供售后支持。与此同时,好的渠道还要能保证企业及时获得客户真实的反馈,更好地提升企业的产品和服务。针对不同的业务,直接渠道和间接渠道在成本和效益方面也有所不同,因此,渠道管理需要在不同类型的渠道之间找到平衡点,通过整合渠道来创建更好的客户体验,提升客户满意度,获得最大的业务收益。

(四)客户关系

客户关系用来描述企业与特定的客户之间建立的关系类型。一般而言,客户关系的建立包括客户获取、客户维系和提升销售三个方面。例如,一个新建立的电商平台,在早期希望吸引更多的访问量,因而对客户采取积极策略。比如,建立与客户密切联系的在线社区,积极了解客户需求,解决客户问题,并鼓励客户提供意见和建议来共同创造产品,或者提供丰富多样的奖励和激励措施。经过一段时间的发展,市场达到饱和,商家可能会转而聚焦现有客户,并努力提高在每个客户身上的平均收入,从而建立与以前不同的处理策略。以客户服务为例,则表现为从原来的人工和个性化服务,逐渐转向自助服务和自动化服务。

(五)收入来源

企业盈利模式描述了该企业将如何产生收入、创造利润,从而获得原有投资的优异回报。虽然盈利模式的主要功能就是产生利润,但是也必须注意到,有时候利润并不意味着成功。选择合理的盈利模式是和选择合理的价值主张同等重要的任务。对潜在用户的特点进行全面和准确的识别是构建盈利模式的关键。企业必须准确地回答以下问题:什么样的价值让客户愿意支付费用? 他们现在付费购买的产品和服务是什么? 他们的支付方式是什么? 他们更愿意怎样完成支付? 每一种收入占总收入的比例是多少?

(六)核心资源

核心资源用以描述商业模式有效运转所需要的最重要的资源,这些资源使得企业能够有针对性地创造和实现价值主张,并有效地接触市场和客户。核心资源可以是实体资产、金融资产、知识资产或人力资源。当然,不同的商业模式所需要的核心资源也有所不同。此外,对核心资源的识别也可以按照不同维度来进行。例如,实现价值主张需要哪些核心资源? 良好的渠道建设需要哪些核心资源? 良好的客户关系管理需要哪些核心资源？

(七)关键业务

关键业务活动是企业成功运营所采取的最重要的动作。对平台类电商企业而言,最关键的业务就是网站平台的开发和运营;对服务类电商企业而言,丰富高效的在线服务设计与开发则是他们的关键业务活动。而对于所有电商平台来说,有效的营销和推广是他们共同的关键业务活动之一。

(八)重要伙伴

企业要想让商业模式有效运转,需要特定的合作伙伴。合作关系正日益成为当今商业模式的基石。通过这种关系,企业可以有效地创建联盟来优化商业模式,降低风险或者获得资源。因此,建立买方—供应商关系可以有效帮助企业优化资源配置和降低成本。

(九)成本结构

成本结构用于描述运营一个商业模式所需要的所有成本。为客户创造和提供价值、建设渠道、维护客户关系和建立盈利模式都会产生成本。这些成本可以在确定关键资源、关键业务与重要合作之后进行计算。虽然在每个商业模式中成本都需要最小化,但是低成本结构对于某些商业模式来讲并不是最重要的,很多企业的商业模式介于成本驱动和价值驱动之间。

除了商业模式画布,人们还会使用另外一些方法和工具来识别自己的市场机会和竞争优势。比如,迈克·波特教授的五力竞争模型和 SWOT 分析方法等。有的时候,企业,尤其是初创企业,为了更快、更好地获得投资人青睐,也会采用更简洁的方式来描述自己的商业模式,主要报告内容包括企业的业务介绍、市场预期和自身的竞争优势。

复习与思考

1. 郝欣欣的创业经历给我们以什么启示?
2. 郝欣欣案例中的价值主张是什么? 她是如何实现客户的价值主张的?

单元二　创业者与创业团队

学习目标

一、了解创业者应具备的素质。

二、了解创业团队的类型与基本特征。

三、掌握创业团队的组建原则和策略。

单元导言

创业活动的实施主体是创业者及其所带领的创业团队。创业者和创业团队的素质、能力、个性等因素决定了创业的方向。在决定创业前,创业者必须对自身的整体状况合理评价,对创业团队能否共同奋斗充分了解,充分发挥人的要素在创业过程中的积极作用。

模块一　创业素质的培养

【案例导入】

安徽××有限公司创始人储亮对创业有自己的感悟。

他认为创业者在寻找创业项目时,要找三个圈。第一个圈是自己爱做的事,第二个圈是自己能做的事,第三个圈是有市场需求的事。这三个圈的交集,就是适合自己的项目方向。

储亮是合肥工业大学的硕士研究生,在校时学的是汽车相关专业。在参与设计一款新型汽车电子仪表之后,他产生了创业的想法,选择的领域是与自己学科背景相关的汽车零部件领域。

创业初期是艰难的,虽然有研究汽车电子技术的老师提供技术支持,但储亮还是遭遇了很大困难:产品不被市场认可。

怎样才能打开市场?经过一番市场调研,储亮和创业团队意识到,初创小微企业应该避开竞争激烈的主流市场,选择门槛较低的二级市场,先将产品销售出去,毕竟使企业存活下来最重要。

随后的日子里,他们改变了经营战略,调整了产品的市场策略,以门槛较低的二级汽车配套产品市场和汽车配件市场为主攻方向。这个战略的调整很快就有了成效。没过多久,储亮团队开发出的产品便开始有了市场销路,企业终于渡过了难关。

产品有了市场并不等于万事大吉。在汽车零部件这个领域,竞争对手非常多,稍有不慎就会被淘汰出局,何况储亮的企业还是根基很浅的小微企业。要想站稳市场,就必须提升企业的软实力,通过提升产品品质和建设管理体系来提升企业的核心竞争力,保证企业在市场中有竞争力。为此,储亮和他的团队一项项攻关,逐步在企业中建立起了完善的质保体系,先后通过了 ISO 9001 体系认证和 ISO/TS16949 体系认证,并且按照标准化、程序化、规范化、职业化和科学化的原则加强和完善企业的管理体系建设,先后完善了产能管理系统、成本管控系统、质量管理系统、绩效管理系统等管理体系建设,大大地提升了企业的软实力和市场竞争力。

他们不仅建立起了一支高素质的人才队伍和科学的经营管理模式,也提升了企业的市场竞争力,获得了客户的认可,成为某汽车主机厂的一级配套生产企业,开发了多种汽车零部件产品,储亮被教育部评选为"全国大学毕业生就业创业之星"。

为了提升企业的技术实力,储亮在创业初期就与合肥工业大学建立了紧密的产学研合作关系,实现了高校和企业资源的有效整合,实现了技术对接,使企业的技术有了稳固的支撑。高校里优质的技术资源解决了企业在生产经营过程中出现的一些技术问题,同时企业也成了高校的实习基地。

创业首先就是创新,只有通过不断创新才能有核心竞争力。在储亮的企业里,每个人都可以成为创新者,从产品技术创新、生产工艺创新到管理模式创新,只要有了创新的想法就可以提出来,企业会给予每个合理的想法试错的机会。储亮认为,只有不断创新、不断试错,团队才能始终保持创业的激情和前进的动力,企业才能在竞争激烈的市场中站稳脚跟。

储亮开发的纯电动汽车安全预警产品,填补了国内新能源汽车市场安全预警系统产品的空白。他的创业事迹以"创新与创造"为主题,入选全国"值得大学生创业借鉴的 50 个创业优秀案例"。

一、创业者应具备的素质

美国管理学家拜格雷夫认为优秀创业者应具备 10 个基本禀赋,即理想、果断、实干、决心、奉献、热爱、细节、命运、金钱和分享。

我国学者丁栋虹则将创业者素质归纳为"迎战风险(RISKING)"模型,即 Resources(充分的资源,包括人力和财力以及充足的经验、学历、流动资金、时间、精神和毅力等),

Ideas(可行的创意和想法),Skills(适当的基本技能,不是行业中的一般技能,而是通常性的企业管理技能),Knowledge(有关行业的知识,不是只陶醉于自己的理想中),Intelligence(才智,创业者不一定要有高智商,但要善于把握时机做出明确的决定),Network(网络和关系,创业者需要有人帮助和支持,不断扩大朋友网络和处理好人际关系会带来不少方便)和Goal(确定的目标)。

虽然这些表述都是仁者见仁、智者见智,但毕竟都是从大量实践和创业者的经历中提炼出来的特征,因而具有一定的参考作用,对我们年轻的创业者有意识地培养和提高自己的能力和素质具有一定的引导作用。若换一个角度去理解,创业者的素质包括以下方面。知识素质:创业者通常具有一专多能的知识结构。比如,具有一定的管理水平;掌握与本行业发展相关的政策法规、科学技术知识;具备市场经营方面的财务会计、市场营销、国际贸易、国际金融等知识。心理素质:创业者要具备一定的心理条件,如自信、独立、坚持、果断和开朗、理性。身体素质:创业者通常身体健康、体力充沛、精力旺盛、思维敏捷。现代企业的创业与经营是艰苦而复杂的,创业者工作繁忙,工作时间长,压力大,如果身体不好,必然会力不从心,难以承受创业重任。能力素质:创业是一项综合性很强的活动,需要创业者具备创新能力、分析和决策能力等多种能力素质。

二、创业素质的培养

大多数创业素质可以通过后天的实践获得和加以改善。创业者素质的培养通常需要注意:一是开发有利于创业者素质能力形成的外部环境;二是引导创业者的人格形成;三是坚持知识、能力、素质的辩证统一,科学地开发创业素质,提高创业能力。

良好的外部环境对创业者具有陶冶、凝聚、激励和导向等功能,有利于创业者塑造自己的优秀品质。个人的自由发展、独立精神、开拓精神、创造性以及公平的竞争和均等的机会等都能极大地促进创业精神的孕育,有利于将创业精神的培养和能力开发有机地融入社会活动、科技活动中。

美国斯坦福大学心理学教授推孟曾在30年中追踪研究了800个人的成长过程,结果发现,他们中取得成就最大的人与成就最小的人最明显的差异体现在个性方面,个性特征对个体的创业具有重要的影响。高成就者往往具有谨慎、自信、不屈不挠、进取心、坚持性、独立性、勇敢、自制、不自卑等心理特征,其中独立性、坚持性、勇敢、自制等发挥的作用尤为显著。

就知识、能力、素质的辩证统一而言,知识是能力和素质形成的基础,为创业者提供知识储备和理论框架。创业知识可以通过开设相关的创业课程和培训获取。能力是中介,表现为创业者运用知识解决问题、成功创业的实践技能,是将静态的创业知识转换为动态的创业实践的关键桥梁。能力可以在掌握了一定程度知识的基础上经过培养和实践锻炼而形成。知识的掌握有利于提高能力,能力越强,越有利于促进知识的学习。素质是创业者深层次的个体特质的集合,深刻影响着创业者知识获取的方向、能力发挥的效能以及创业行为的持久性与责任感。素质为知识学习和能力培养提供内在动力与方向指引,而知识与能力的提升又不断优化素质结构,三者循环互动,彼此支撑。

复习与思考

1. 简述知识、能力、素质三者间的关系。

2. 如何培养创业者的素质?

模块二 创业团队的建设

【案例导入】

2017年广州《财富》全球论坛上,1180架无人机为广州下了一场惊艳的"彩色雪",让全世界的朋友圈都震撼了一把。近几年,广东无人机产业迅猛发展。例如,广东工业大学创客空间"YC勇创团队"专注无人机、机器人等项目研究,团队获得1项专利,在全国大学生"挑战杯"等全国性竞赛中斩获6项大奖,以傲人的成绩成为广东乃至全国高校大学生创新创业团队的优秀典范。

广东工业大学创客空间"YC勇创团队"于2012年11月成立,是由来自物理与光电工程学院、自动化学院、机电学院等多个学院的学生组成的协同创新团队。该团队研究的方向非常广泛,涉及无人机和机器人、智能控制技术应用、物联网、智慧城市、营销发展、智能电子、机器视觉和高速运动定位、LED智能照明和应用等诸多方面。

一、创业团队的特征和类型

(一)创业团队的定义和特征

创业团队是一种特殊群体,通常指创业初期(包括企业成立前和成立早期),由两个以上才能互补、责任共担、愿为共同的创业目标奋斗的人所形成的工作团队。创业团队有狭义和广义两种:狭义的创业团队特指那些拥有一定的所有权、发挥某种管理功能并全程参与新企业创建的人;广义的创业团队则不仅包括前者意义上的创业团队成员,还包括与创业过程有关的各类利益相关者,如核心员工、风险投资家、专家顾问。

创业团队的特征可以从以下三个方面去界定。

第一,创业团队不是一般的群体。创业团队成员在创业初期把创建新企业作为共同努力的目标。他们在集体创新、分享认知、共担风险、协作进取的过程中,形成特别的情感,创造出高效的工作流程。随着新创企业的进展,会不断有新的人员加入,团队力量由此不断增强。

第二,与个体创业相比较,团队创业具有多方面的优势,对创业成功起着举足轻重的作用。创业团队的工作绩效可能大于所有个体成员独立工作时的绩效之和。虽然创业团队个体成员可能具有不同的特质,但他们互相配合、互相帮助,通过坦诚的意见沟通形成团队协作的行为风格,能够共同对创建的新企业负责,具有一定的凝聚力。团队绩效取决于每个团队成员的不同角色和能力,因此,创业团队的通力合作很可能会产生乘数效应。

第三,创业团队是高层管理团队的基础和最初组织形式。由于创业团队通常在创建新企业的初期或小企业成长的早期创建,因此,团队成员往往被称为"元老"。高层管理团队通常是创业团队组织形式的继续。虽然创业时期的"元老"可能继续留在高层管理团队中,也可能已经离开,但高层管理团队的管理风格在很长一段时间内很难被彻底改变。

(二)团队对创业的重要性

"对不对,看团队。""一个篱笆三根桩,一个好汉三个帮。"创业需要多种多样的资源和机会,单靠个人是很难满足这些条件的。越来越多的证据表明,创业活动越来越多地基于一个创业团队而非单独的创业个体。大量结果和经验表明,由创业团队共同创立的新企业的绩效往往显著高于由单个创业者创办的新企业,尤其是高新技术企业。因此,创业团队对企业的成立和成长均起着至关重要的作用。

"创业教育之父"杰弗里·蒂蒙斯在其所提出的创业理论经典框架中,将创业团队、资源、机会视为创业的三大核心要素,其中任何一种要素的弱化都会破坏三者之间的平衡,创业团队在这种从不平衡到平衡的状态变化过程中发挥着重要作用。

(三)创业团队的类型

依据不同逻辑组建的创业团队既有优势,也有不足,对后续创业活动会产生潜在影响。一般而言,创业团队可以分为网状、星状和从网状演化来的虚拟星状等类型。

1. 网状创业团队

网状创业团队的成员间一般在创业之前就有密切的关系,如同学、亲友、同事、朋友等。团队成员一般在交往过程中会共同认可某一个创业想法,没有明确的核心人物,大家根据各自的特点自发进行组织角色定位。因此在企业创业初期,各位成员基本上都扮演协作者或者伙伴角色。

网状创业团队通常有如下特点:团队没有明显的核心,整体结构较为松散。组织决策时,一般采取集体决策的方式,通过大量的沟通和讨论达成一致意见,因此组织的决策效率相对较低。由于团队成员在团队中的地位相似,因此容易在组织中形成多头领导的局面。当团队成员之间发生冲突时,一般采取平等协商、积极解决的态度消除冲突。团队成员不会轻易离开,但是一旦团队成员间的冲突升级,使某些团队成员撤出团队,就容易导致整个团队瓦解。

网状创业团队的典型例子有微软公司的比尔·盖茨和其童年的玩伴保罗·艾伦,惠普公司的戴维·帕卡德和他在斯坦福大学的同学比尔·休利特等。这些知名的创业者多是结识在先,基于一些互动激发出创业点子,然后合伙创业。

2. 星状创业团队

星状创业团队中一般有一个核心主导人物充当领军者角色。这种类型的团队一般在形成之前,其核心主导人物就有了创业的想法并根据自己的设想组建创业团队。后来加入创业团队的成员也许是核心主导人物以前熟悉的人,也可能是其不熟悉的人,但会对创业成功发挥作用。除核心主导人物之外的团队成员在创业型企业中大部分时候扮演支持者角色。

星状创业团队通常有如下特点:组织结构紧密,向心力强,核心主导人物在组织中的行为对其他个体影响巨大。决策程序相对简单,组织效率较高,容易导致权力的过分集中,从而加大决策失误的风险。当其他团队成员和核心主导人物发生冲突时,因为核心主导人物具有特殊权威,其他团队成员往往处于被动地位。在冲突较严重时,其他团队成员一般会选择离开团队,因而对组织的影响较大。

这类团队的典型例子是太阳微系统公司。创业之初,维诺德·科尔斯勒就确立了多用途开放工作站的概念,接着他分别找了乔伊和贝希托尔斯海姆这两位软件和硬件专家及具有实际制造经验的麦克尼里,组成了太阳微系统公司的创业团队。

3. 虚拟星状创业团队

虚拟星状创业团队往往由网状创业团队演化而来,基本上是前两类创业团队的中间形态。这类团队中有一个核心成员,但是其核心成员地位的确立是团队成员协商的结果,因此从某种意义上可以说核心成员是整个团队的代言人,而不是主导性人物,其在团队中的行为必须充分考虑其他团队成员的意见,权威性不像星状创业团队中的核心主导人物。

二、创业团队的组建原则和策略

(一)创业团队的组建原则

创业者在组建团队时通常遵循的一个基本原则是,不要只和那些与你具有基本类似的背景、教育和经历的人一起工作,尽管和这样的人在一起工作令人轻松和愉悦,但这并不能满足新创企业的人力资源需求。实践表明,创业团队的规模越大,团队成员的经验就越需要具有互补性,新企业创业成功的可能性就越高,其成长也将越快。

创业者在组建团队时还应尽可能符合以下几个原则。

1. 诚实守信

重承诺、守信用是创业团队能走到一起的起码的道德要求。创业初期,创业团队成员通常会全面介入企业的经营管理,需要了解企业内部的所有情况,如果创业团队成员道德有问题的话,企业的资金、人员、关系、精力等都可能遭受不必要的损失。

2. 志同道合

创业团队通常经过思想碰撞形成创业思路和经营理念,其成员亦有共同的目标愿景。否则,在企业经营的一定阶段就可能由于成员的意见不一而导致企业停滞不前,甚至导致企业解体和创业失败。

3. 分工协作

创业团队成员通常根据不同的性格和特长进行分工协作。

4. 权责分明

创业团队成员通常以法律文本的形式确定利润分配方案,对涉及股权、期权和分红权等的基本的责任、权利尤其要界定清楚,对增资、扩股、融资、撤资、人事安排等与团队成员利益紧密相关的事宜也应如此处理。

(二)创业团队的组建策略

创业团队的组建没有统一的模式,以下两种情况比较常见。

一是某位创业者有了一个好的创业思路或者找到了一个好的商机,打算创办一家企业,接下来他选择并邀请一些志同道合的人加入,或者陆陆续续有一些感兴趣的合作者主动加入团队。

二是一群人因为创业的共同愿景形成了一个创业思路或发现了一个商机,然后以共同的信念为基础组建起一个团队。

可以说,创业团队的组建是一项非确定性活动,具有很大的随机性。创业团队的形成和发展也各不相同,团队成员走到一起的方式更是多种多样。

(三)创业团队组建中应注意的问题

创业团队组建中应注意"四个明确"。

(1)明确创业目标,达成共识。创业者应将创业组织的目标清晰化、明确化。有了目标才有方向,并能减少管理和运作过程中的摩擦。

(2)明确"谁听谁的"和"什么事情谁说了算",并用书面形式进行确定。组织架构设计中的基本问题就是决策权限的分配,因此,明确每一个核心成员的职责对创业活动的顺利进行非常关键,否则创业者的兄弟义气很可能让管理陷于混乱。

(3)明确沟通方式,在组织内部形成一个管理团队,定期交换意见,讨论诸如产品研发、竞争对手、内部效率、财务状况等与组织策略相关的问题。许多问题可以直截了当地进行沟通,大家应遵循开诚布公、实事求是的原则,把事情摆到桌面上来,不要打肚皮官司。

(4)明确制定并尽量遵守管理制度。必须强调人人遵守,不能有特权,更不能朝令夕改。当组织发展到一定的程度时,要及时设计和实行与其相适应的管理流程与制度,尽可能聘请一些管理方面的专业人才来共建大业。

另外,初创企业组建团队时还要注意避免以下情况:股份结构太过分散与平均;团队成员的背景过于接近;贸然和不熟悉的人一起创业;引入中看不中用的人员;缺少专职创业者;团队中混进了品德不好的人。

三、创业团队的运作

(一)创业团队的凝聚力

创业团队最应避免的问题是内部分裂。一个有凝聚力的团队可以拥有强大的战斗力,但如果团队成员之间的关系出现了问题,就会极大地削弱整个团队的战斗力。

那么,如何让创业团队保持持久的凝聚力呢? 一是要有魅力和能力出众的核心领导。一头狮子带领一群羊胜过一只羊带领一群狮子。一个能力强、人格魅力出众的领导者本身就是团队成员追随的对象,是团队产生凝聚力的最佳黏合剂。二是要有共同的愿景和价值观。孙子曰:"上下同欲者胜。"团队成员要有共同的梦想和目标。只有目标一致、齐心协力,团队才可能形成合力,才会获得最终的胜利与成功。三是要有一以贯之的团队制度和组织文化。制度和文化要有延续性和一致性,不能朝令夕改。创业过程中的人和事要严格分开,对人可以温和,但对事要严格,形成对事不对人的工作文化。四是团队成员间要及时沟通,求同存异,不要表里不一,言行不一。遇到问题面上不沟通,私下乱猜疑,最易产生隔阂,影响团结。

(二)创业团队运作机制设计需注意的问题

1. 与创业团队共同成长

团队成员一定要对创业成功有信心,同时,团队也要给成员以长期承诺。每位成员都要了解团队创业过程中将会面临的挑战,并承诺不会因为一时利益或困难而轻易退出团队。如有特殊原因而提前退出团队者,应以票面价值将股权转让给原创业团队的成员。

2. 团队价值发掘

团队成员要全心全意致力于创造新企业的价值,以不断创造团队的价值增量作为创业活动的主要目标,充分认识到唯有团队不断增值,成员才能实现个人利益。

3. 合理股权分配

当创业进行到一定程度时,作为创业团队价值体现的股权分配就是一个绕不过去的问题。显然,股权分配中的平均主义并不是合理的选择。虽然团队成员的股权分配不一定要均等,但是需要合理、透明与公平。通常,创始人与主要贡献者会拥有比较多的股权,但只要与他们所创造的价值与贡献能力相匹配,就是一种合理的股权分配。

(三)创业团队的领导者

在创业团队中,领导者即团队领袖的作用尤为重要。领导者是创业团队的灵魂,是团队力量的协调者和整合者。柳传志曾说:"领军人物好比是阿拉伯数字中的1,有了这个1,带上一个0,它就是10,两个0就是100,三个0就是1000。"这句话很好地概括了创业团队里领导者的重要性。优秀的创业团队领导者——创业家应该具有良好的品质、能力、资历和魅力。

1. 品质

品质是指创业家自身所具备的基本性格、心理素质和道德修养等。包括执着的目标信念、自信心、激情、坚韧的意志力、魄力与决断力,以及冒险精神、创新精神、独立意志、合作精神、道德修养、社会责任、实干精神和心理承受力等。当然,我们并不能要求所有的创业家都必须同时具备这些优秀品质,但成功的创业家往往具有一些共同的基本品质,如百折不挠的进取意志、冒险与实干精神、良好的心理承受力和道德修养等。

2. 能力

能力是指一个创业家需要具备的解决创业过程中各个方面问题的实践能力。它可被大致划分为专业能力、管理能力和沟通能力三类。其中专业能力主要指专业知识和专业技能。创业家的专业能力除了能够赢得员工的尊重和敬仰、树立个人威信、提高影响力之外,也有利于创业家深入生产销售第一线,及时进行技术改进和战略方面的正确决策。管理能力主要指创业家在管理过程中应该具备的各种能力。一个强有力的领导者应当具备计划、组织、领导和控制协调的能力。沟通能力是指创业家与他人的沟通与交际能力,主要包括表达能力、谈判能力、变通能力、自我认识与自我调整能力、感悟力等。

3. 资历

资历是指创业家所拥有的资格和经历。资历只能代表过去,一种经历或许能让人拥有某个方面的经验,但并不能说明未来会怎样。因为没有哪个人在某个领域不是从零开始的,当然,丰富的资历会对其现在和未来的事业大有裨益。

4. 魅力

创业家个人的魅力是指创业家的品质、学识、能力、资历和个性化语言行为等综合形成的"个人引力(磁场)"。个人魅力是吸引人、影响人的无形而又巨大的力量。创业家个人的魅力在企业管理过程中的作用十分重要,是形成企业文化不可缺少的因素。

(四)创业团队管理中应注意的问题

创业团队是特殊的工作团队,因此创业团队的管理不同于普通工作团队的管理。对于大多数企业内的工作团队来说,如研发团队、销售团队和项目团队等,由于人员和岗位稳定性相对较高,人们习惯性地将重点放在过程管理上,注重通过建设沟通机制、决策机制、互动机制和激励机制等发挥集体智慧,实现优势互补,提升绩效。但对创业团队而言正好相反:重点在于结构管理,而不是过程管理。创业团队管理的重点是在维持团队稳定的前提下发挥团队的多样性优势。

首先,创业团队管理是缺乏组织规范条件下的团队管理。在创业初期,创业团队还没有建立起规范的决策流程、分工体系和组织规范,"人治"味道相当浓厚,处理决策中的分歧显得尤为困难。此时,团队成员之间的认同和信任尤其重要,但又很难在短期内建立起来。因此,认同和信任关系取决于创业团队的初始结构。

其次,创业团队管理是缺乏短期激励手段的团队管理。成熟企业内的工作团队可以凭借雄厚的资源基础、借助月度工作考核等手段,在短期内实现成员投入与回报的动态平衡。相比之下,创业初期需要创业团队在时间、精力和资金等方面高强度投入,但短期内无法实现期待的激励和回报。这不仅是因为没有资源,更主要的是因为创业团队的回报以创业成功为前提。当成功不可一蹴而就的时候,就需要找到能与之相适应的合伙人。

再次,创业团队管理是以协同学习为核心的团队管理。成熟企业内工作团队的学习以组织知识和记忆为依托,成员之间有着相似的知识基础。但是创业过程充满着不确定性,需要不断地试错和验证,在此基础上创造并存储、组织知识和记忆。创业团队的协同学习建立在团队成员创业之前形成的共同知识和观念的基础之上,这仍旧取决于创业团队的初始结构。

最后,核心创业者对团队成员的选择会决定创业团队管理的基础架构,这是实现有效的创业团队管理的重要前提。

复习与思考

1. 创业团队有什么特征?
2. 组建创业团队应该遵循哪些原则?
3. 创业团队运作过程中应注意哪些问题?

单元三　创业计划

学习目标

一、了解创业计划的概念及作用。

二、熟悉创业计划的主要内容。

三、掌握创业计划书的格式和主要内容。

四、熟悉创业计划书的包装技巧。

单元导言

大学生创业不能仅凭一股激情。凡事预则立,不预则废。良好的计划是成功的开端。

同学们,你们有创业的想法吗? 你们知道如何进行创业吗? 你们知道怎样写创业计划书吗? 本单元将带你们详细了解创业计划和创业计划书。

模块一　创业计划概述

【案例导入】

李明是一位创业者,他怀揣着对环保事业的热情与执着,创立了一家专注于可降解材料研发与生产的企业——绿源科技。李明的创业初衷源于对日益严峻的环境污染问题的深刻认识,他相信通过技术创新能为地球减负,为人类的可持续发展贡献力量。

在项目启动之初,李明深知一份详尽且富有说服力的创业计划书对吸引投资者、合作伙伴以及赢得市场信任的重要性。为此,他投入大量时间与精力精心准备这份关键文档。

作为整个计划的开篇,创业计划书概述起到了提纲挈领的作用。在这部分,李明首先简要介绍了绿源科技的核心使命:致力于开发高效、经济、环保的可降解材料,以替代传统塑料制品,减少环境污染。随后,他分析了当前市场的迫切需求,指出随着全球环保意识的提升,可降解材料需求正以前所未有的速度增长,市场潜力巨大。

李明进一步概述了企业的核心竞争力,包括由材料科学、化学工程等领域专家组成的研发团队以及已取得的多项关键技术专利。他还阐述了初步的商业模式:通过直接销售给制造商、与大型连锁超市合作以及线上销售等多渠道将产品推向市场。

在财务预测部分,李明展示了基于市场调研和内部评估的五年财务规划,包括预期收入增长、成本控制、盈利能力等关键指标,以证明项目的经济可行性和长期投资价值。

最后,李明强调了团队的重要性,介绍了团队成员的专业背景、专长和成功案例,展现了团队强大的执行力和凝聚力——这是项目成功的关键所在。

通过这个案例可以看出,优秀的创业计划书不仅是对项目基本情况的介绍,更是对创业者愿景、市场分析、竞争优势、财务规划和团队实力的综合展示。它如同一扇窗,让投资者能快速把握项目的核心价值与潜力,为后续深入合作奠定坚实基础。

一、创业计划的概念

创业计划是创业者在创业初期为企业勾画的蓝图,是一份全面说明创业构想以及如何实施创业构想的文件,是描述所要创立的企业是什么以及将成为什么的说明。创业计划需要阐明新创企业在未来要达成的目标以及实现这些目标的具体途径;同时,需要随环境变化和执行情况而进行适当的调整和完善。具体来说,创业计划是创业者对创业活动的整体规划。该规划描述了创建一个新企业所需的相关外部条件和内部要素,不仅要对市场状况、经营环境、消费者需求进行预测,而且要对新创企业的销售、成本、利润和现金流量状况进行分析。系统理解创业计划的内涵,应该把握以下几个要点。

(一)创业计划要描述创办企业所需的各种资源和要素

创业活动不是技术成果的简单转化,也不是初期产品的市场化实现,而是一个持续发展的过程。企业在创立及后续成长过程中,不仅需要多种资源和要素,而且其需要的时间、数量等均处于交替变化之中。首先,创业计划要对这些资源和要素进行系统盘点,包括企业内部资源及外部条件;其次,创业计划要对各种资源和要素的筹集、配置等进行筹划,既要保证创业活动的有效开展,也要保证各种资源和要素的使用经济有效。从这个意义上讲,创业计划书的编制或撰写过程也是创业诸要素或资源的筹划过程。

(二)创业计划要对创业实践活动进行系统规划

不论创业构想多么复杂,都只是一种智力性思考活动,而创业实践即使再简单,也是多种类型活动的集合。一般来说,创业实践活动包括技术开发、市场开拓、财务预算、生产制造、人才配置等多种活动。创业计划不仅要对这些活动的时序进行筹划,也要对这些活动之间的关系做出安排,以有效规避创业活动的盲目性,尽可能降低高度不确定的环境带来的风险。

(三)创业计划要落实为综合性的书面文件

创业计划建立在创业构想基础之上,创业计划一定要落实为综合性的书面文件,即形成创业计划书。编制或撰写创业计划书的过程无疑是对创业构想的进一步深化、补充和完善。如果一个创意或构想不能用规范、符合逻辑的语言进行表达,那它很可能是不成熟的,或者根据现有科学原理是难以成立的,这样的创意或构想应该放弃。换句话说,如果不能将创业者的创业构想落实为综合性的书面文件,那么这个创业构想就应该放弃。

(四)创业计划书的撰写或编制主体是创业者

创业计划书应由创业者来准备。创业计划来源于创业者的构想,但是这种构想往往是朦胧的、模糊的,特别是初期构想难以用清晰的商业语言或文字进行描述。因此,在创业计划书撰写过程中,创业者可以向其他相关人士进行咨询,譬如律师、会计、营销顾问、工程师等,有助于创业计划的不断丰富和完善。尽管如此,创业计划书的撰写或编制主体只能是创业者本人或者创业团队成员,其他人难以替代。因此,撰写创业计划书应是创业者亲力亲为的工作,但创业者可以咨询或聘请专业人士为创业计划提供专业意见。

需要强调的是,商业模式和创业计划不同。商业模式探讨一种生意的可能性,而创业计划阐述一个项目的执行细节。如果你准备创业,一定要多思考商业模式,做什么、怎么做以及如何做得更快、更好。如果要找投资,创业者就应写出创业计划书,投资人更关注创业者如何确保创业成功。

二、创业计划的作用

一个酝酿中的新创企业,目标定位往往很不明确,因此,对新创企业而言,创业计划的作用尤为重要。创业计划是创业的行动纲领和路线图,不仅能为创业者提供行动指南,也能为创业者与外界沟通提供基本依据,还能成为创业融资的基本工具。通过制订创业计划,创业者能够更清晰地认识企业定位及其发展方向;同时,也能让外界更快、更好地了解企业,增加对创业者的信任和支持,促成投资者、供应商和其他机构与创业者的密切合作。具体来说,创业计划的作用主要体现在以下几个方面。

(一)创业计划是创业者创建新企业的共同纲领和行动指南

在制订创业计划的过程中,创业者必须系统考虑企业的各个方面,如设想购买企业产品或服务的顾客是谁,竞争对手最可能是谁,要使企业正常运转需要花费多少时间和金钱,企业的运营成本和产品销售如何盈利等。通过制订创业计划,创业者就能明确创业方向、理清创业思路。创业计划可以帮助创业者对企业的目标客户、竞争态势、市场范围、营销策略等方面进行全面规划,为创业经营目标和相关活动提供技术路线图与时间计划表。同时,创业计划书的撰写或编制是一个长期动态的过程,需要创业者及其团队根据企业的实际情况和变化的内、外部环境进行调整和完善。

(二)撰写或编制创业计划书是使创业团队及员工团结一致的方式和途径

一份清晰的创业计划书对企业的愿景和战略均有详细的陈述,无论是对创业团队还是对普通员工都具有十分重要的意义。在撰写或编制创业计划书过程中,能够及时发现并解决创业团队中可能存在的问题,使所有团队成员认同创业目标,并为目标的实现而共同努力;同时,能够促进员工与创业者保持密切的合作,帮助员工理解企业目标,并保持步调一致。因此,创业计划书的撰写或编制是推动创业团队和全体员工实现企业目标的重要方式和途径。

(三)创业计划书是新创企业的推销性文本

创业计划书可以作为新创企业向潜在的投资者、供应商、重要的职位候选人和其他人介绍创业项目的工具,并能起到宣传作用。实际上,我国目前有越来越多的由大学和社会团体举办的创业园和商业孵化机构要求新创企业提供创业计划书。作为一种推销性文本,创业计划书有助于提高新创企业的可信度,特别是在"创青春""挑战杯"等创业计划大赛中获奖的项目,更容易获得投资方的关注。

复习与思考

1. 什么是创业计划?
2. 创业计划有什么作用?

模块二　创业计划的主要内容

【案例导入】

瑞幸咖啡是一家中国连锁咖啡企业,于2017年成立,总部位于杭州。该公司的创始人为钱治亚。以下是瑞幸咖啡的创业计划的主要内容。

项目简介:介绍了瑞幸咖啡的创业背景、创业理念和创业目标。

市场分析:分析了中国咖啡市场的潜力和竞争情况,以及瑞幸咖啡的市场定位和竞争优势。

产品策略:介绍了瑞幸咖啡的产品线和产品特点,以及如何保证产品的质量和稳定供应。

营销策略:介绍了瑞幸咖啡的营销策略和宣传方式,以及如何吸引顾客和建立品牌形象。

财务预测:预测了瑞幸咖啡未来的收支情况和盈利能力,以及资金需求和资金来源。

> 团队介绍：介绍了瑞幸咖啡的创始团队成员和团队能力。
>
> 风险分析：分析了瑞幸咖啡面临的市场风险、竞争风险和管理风险，并提出了相应的应对策略。
>
> 执行计划：制订了瑞幸咖啡的项目进度计划、项目管理计划和监督与控制计划。

一、创业计划的主要内容

(一)企业描述

企业描述是对新创企业相关各项事宜的总体介绍，包括企业概述、企业目标、产品或服务介绍、进度安排。企业概述主要介绍新创企业的成立时间、形式与创立者，以及创业团队简介、企业发展概述等；企业目标是指新创企业奋斗的方向和所要实现的理想；产品或服务介绍是对产业发展情况，产品或服务的开发过程与产品或服务的特性、优势、不足等方面的阐述；进度安排的主要内容包括收入、市场份额、产品开发介绍、主要合作伙伴、融资计划等领域的重要事件。

企业描述不是描述整个创业计划，也不是提供创业计划概要，而是对新创企业进行介绍，重点是新创企业的经营理念、定位以及战略目标。

(二)产品或服务

产品或服务部分包括产品或服务描述、产品特性与竞争力、产品技术与开发、产品未来展望与服务规划等。具体如下。

1. 产品或服务描述

产品或服务描述需要对产品或服务进行详细的解释和说明，如进行产品介绍时，描述产品的名称与功能、技术特性、工艺流程、技术壁垒、专利保护、市场前景预测、研发过程及其升级成本等。为确保产品的介绍更通俗易懂，让不具备专业知识的投资者也能明白，可以在创业计划书中附上产品的原型、照片以及产品的质量检测、专利认证、产品使用说明书或其他与产品相关的介绍。

2. 产品特性与竞争力

产品特性与竞争力部分需要对产品特征与质量、技术优势、产品差异化(功能创新、性能改良和量身定制)、成本优势、社会效益、可持续发展、知识产权等方面进行重点描述，这些内容是消费者和投资者共同关注的问题。

3. 产品技术与开发

产品技术与开发部分需要以一种通俗易懂的方式将产品的技术原理与生产工艺原理进行分解，尤其是对复杂的技术与工艺配以图解进行说明，并着重介绍新创企业的研发力量与未来技术的发展趋势、新产品的研发成本预算以及时间进度。

4. 产品未来展望与服务规划

产品未来展望与服务规划部分需要明确未来几年重点开发哪些产品,高、中、低档产品有哪些,过渡产品有哪些,以及在所有的产品中首推何种产品等。同时在开发的不同阶段,尽可能收集关于市场发展动态、消费者需求、行业技术创新情况、社会时尚潮流走向、国家政策等方面的信息,以及时完善产品的未来规划。

(三)环境分析

环境分析主要是对新创企业所面临的内、外部环境进行全面的分析与总结,以此确定新创企业的发展战略。具体如下。

1. 外部环境分析

外部环境分析包括宏观环境分析、行业分析、产品竞争分析以及消费者分析等。

宏观环境也称一般环境,是指一切影响行业和企业的宏观力量,主要包括政治、经济、社会文化、技术等外部环境要素。宏观环境分析主要阐述这些要素可能给新创企业带来的机会和威胁。此外,受自然环境影响大的新创企业,还可以增加自然环境或者生态环境分析。

行业分析首先需要对新创企业所在的行业概况以及企业产品在行业中的需求变化情况进行描述;然后,运用波特的五力模型对行业竞争(包括竞争对手的战略与目标、优势和劣势以及反应模式)进行详细的分析,以此判断不同竞争力量对新创企业的威胁程度;最后,基于以上分析,对所在行业未来的发展趋势以及市场容量和规模进行预测,以此帮助新创企业在可以把握的置信区间内规避风险、把握市场机会。

产品竞争分析主要是指运用竞争者分析方法与不同竞争者(包括直接竞争者、间接竞争者、未来可能的竞争者)进行技术比较(如技术力量、技术研发、技术认证等的比较)、产品比较(如产品及其性能、原材料生产基地、生产设备、技术认证、产能规模、推销方式、售后服务等的比较)和市场比较(如价格、品牌和市场份额等的比较),可以了解在相关领域与竞争对手相比的优劣势所在,从而确定产品的核心优势,以此让投资者确信:新创企业具有足够的竞争优势应对市场竞争。

消费者分析主要是对消费者的购买影响因素、消费需求、消费心理、消费动机、消费习惯、媒体习惯、购买行为特征、购买决策过程以及信息获取渠道等方面展开调研并进行全面、深入分析,从而掌握消费者对行业的认知程度,挖掘潜在的需求,帮助新创企业进行目标市场定位和产品定位,减少新创企业在产品选择和市场选择上的失误,最终为新创企业制定相应的营销策略提供充足的依据。

2. 内部环境分析

内部环境分析包括企业素质分析、企业资源分析、企业能力分析、企业价值量分析、企业核心能力分析等。

需要特别说明的是，企业资源中，技术资源部分介绍新创企业拥有的核心技术以及技术的优势和来源；人力资源部分主要介绍团队的组成结构、团队成员的专业特长以及团队目标；财务资源部分主要分析新创企业财务关系的管理、现金流的管理和风险的管理等；组织资源部分主要介绍组织结构、企业文化等。

（四）市场营销分析

市场营销主要包括两部分内容，即确定适宜的目标市场、制定合适的营销策略。

1. 目标市场营销

目标市场营销需要对市场细分、选择目标市场以及市场定位进行深入的分析。市场细分是根据产品特性、经营模式及企业发展战略，明确市场范畴、目标和服务对象，从而在市场竞争中求得生存与发展；选择目标市场是在市场细分的基础上，评估细分市场的规模和潜力，分析新创企业的竞争能力，并考虑企业的目标和资源，最终决定要进入的市场；市场定位是通过塑造新创企业及其产品、服务和品牌在目标市场顾客心目中的独特形象，使其与竞争者及其产品、服务和品牌区别开来，更好地满足顾客的需求和偏好，从而在目标市场上建立并保持竞争优势。

2. 市场营销策略

市场营销策略通常采用 4P 组合策略，即产品（Product）、价格（Price）、渠道（Place）和促销（Promotion）。

新创企业的市场营销策略绝不能只是表面功夫，而应根据目标消费者的特点，量身定制一系列营销策略，列举如下。

产品策略，就是在明确产品不同层次（核心产品、有形产品和附加产品）的基础上，制定符合新创企业实际的产品组合策略、包装策略和品牌策略。

价格策略，即基于产品成本、竞争对手和消费者分析，运用产品定价法、市场竞争定价法和心理定价法，得出不同方法计算的价格区间，并以各区间合理交集作为最终产品的定价。这是顾客是否愿意接受企业定价的基础。

渠道策略，即通过渠道分析（包括目标市场特性、产品特性、企业特性、环境特性和竞争特性等），渠道设计（如确定渠道目标、明确渠道方案、评估渠道方案）以及渠道管理，实现新创企业的产品价值或服务价值并创造利润。

促销策略，需要根据促销目标、促销沟通对象、促销预算以及竞争状况，选择合适的促销工具（如新品发布会、宣传册、样品赠送、折扣、订货会、促销手册、营销人员、销售竞赛等）和方式（如人员推销、广告、营业推广和公关关系），向消费者展示产品形象，吸引消费者的注意力，并通过积极宣传增强消费者对企业的信任度。

市场营销的作用在于，让投资者相信新创企业的盈利能力，同时还可以为新创企业未来的营销活动提供指导和依据。

(五)生产运营管理

生产运营管理主要包括厂房设施、生产、库存控制、供给与分销、订单的执行与客户服务等方面。这部分的内容介绍不要过于详尽,应言简意赅。

厂房设施主要考虑地点(如企业总部、零售店、分支机构、其他工厂、分销中心)以及租赁合同、水电设施、设施解决与维护等问题,以确保新创企业的持续扩张。

生产方面主要涉及生产方式(如委托加工、自行生产),生产过程(如生产技术与设备、工艺流程),生产能力(如劳动力、生产率等)以及质量控制等问题,以创造具有更高使用价值和更适用的产品。

库存控制是常被企业忽略的问题。在编制或撰写创业计划时,库存控制工作表可以帮助创业者清楚地了解库存控制方法,实现较高的企业销售额和提升企业的盈利能力。

供给与分销部分应对现有的供应和需求进行客观的分析、评价,帮助企业寻找和确定产品的供应商和所采用的销售、分销方法,从而促进企业的持续健康发展。

订单的执行与客户服务也很少受到企业的关注。实际上,订单的执行是当前销售的一部分,而客户服务则是未来销售的一部分,它们对于维持企业的正常运转至关重要。

(六)财务分析

财务分析部分主要包括资源需求分析、融资计划、预计财务报表和投资回报等内容。

1. 资源需求分析

资源需求分析着重分析创业需要的物质资源,一般表现为有形资产,其按照流动性可分为流动资产和非流动资产。流动资产是在一年或者一年以上的一个营业周期中可以变现的资产,如原材料、库存商品等;流动资产外的有形资产或无形资产均属于非流动资产,如机器设备、家具、商标权、专利权等。购置资产需要支付资金。通过编制主要设备表可以对固定资产支出进行预估,再结合对流动资产资金需求的判断,可以计算出物质资源需要的资金数量;如果新创企业需要购买专利或商标等无形资产,也要在这里评估出需要的资金数量。

2. 融资计划

融资计划即新创企业根据资源需求分析,结合管理团队的构成及分工,计算出总的资金需求。此后,需要编制资金明细表,以对资金的来源和运用情况进行系统分析。同时,还需要合理阐明新创企业的资本结构、获取风险投资的条件、企业投资收益和未来再投资的安排、双方对企业所有权的比例安排等。

3. 预计财务报表

预计财务报表包括预计利润表、预计资产负债表和预计现金流量表等,计算并提供有关的投资回报指标,以增强对投资者的吸引力,帮助新创企业获得投资。

在编制预计财务报表之前,需要编制基本假设表,如对未来经济形势的判断、对销售变化趋势的分析、假定的企业信用政策、利润分配方案、固定资产折旧的计提和无形资产摊销方法以及存货发出计价方法等。

4. 投资回报

投资回报部分包括企业的盈亏平衡点、投资回收期、投资报酬率、敏感性分析、销售利润率、销售净利率、净现值以及资产负债率等。限于篇幅，本部分仅介绍盈亏平衡点、投资回收期、投资报酬率，其他请参考会计学等相关学科的知识内容。

盈亏平衡点又称零利润点、保本点、盈亏临界点、损益分歧点、收益转折点，通常是指全部销售收入等于全部成本时（即销售收入线与总成本线的交点）的产量。据此，通过盈亏平衡点可以判断企业是否盈利，即以盈亏平衡点为界限，当销售收入高于盈亏平衡点时企业盈利，反之，企业就亏损。静态盈亏平衡分析是未考虑时间价值计算出来的平衡点，因此，这种方法计算简便、成本不高，是在投资决策时常用的一种风险分析方法。尽管其准确性难以保证，但是对于新创企业的创业者和投资者来说还是比较方便的。

投资回收期是指从项目的投建之日起，用项目所得的净收益偿还原始投资所需要的年限。投资回收期分为静态投资回收期与动态投资回收期两种。静态投资回收期的计算不考虑资金时间价值的回收期，更适合于初创企业的预测，决定是否投资和投产。投资回收期可以自项目建设开始年算起，也可以自项目投产年开始算起，但应予注明。静态投资回收期可根据现金流量表计算，其具体计算分为以下两种情况。

项目建成投产后各年的净收益（即净现金流量）均相同，则静态投资回收期的计算公式为：

$$投资回收期（年）＝投资总额/年现金净流量$$

其中，年现金净流量＝项目每年获得的净收益额＋收回的固定资产折旧。

项目建成投产后各年的净收益不相同，则静态投资回收期可根据累计净现金流量求得，也就是在现金流量表中累计净现金流量由负值转向正值之间的年份。

动态投资回收期的计算不考虑资金的时间价值。计算公式为：

$$动态投资回收期＝累计净现金流量折现值开始出现正值的年份数－1$$
$$＋\frac{上年累计净现金流量折现值的绝对值}{当年净现金流量折现值}$$

需要指出的是，上述反映投资回收快慢的指标，既可用于事后评价，也可用于事前评价。

投资报酬率（ROI）是指通过投资而应返回的价值，是企业从一项投资性商业活动的投资中得到的经济回报。投资报酬率既能揭示投资中心的销售利润水平，又能反映资产的使用效果。通过投资报酬率可以大致了解该项目是否值得投资。该指标虽然存在缺乏全局观念等缺点，但仍适用于新创企业的预测、决策。一般投资报酬率的计算方式如下：

$$投资报酬率（ROI）＝年利润或年均利润/投资总额×100\%$$

财务分析的目的在于让投资者看到一个好的创意的盈利能力：一方面通过财务分析

进行财务预测,说明融资需求,以此为依托谈判融资的具体事宜;另一方面,通过财务分析揭示的数据,向投资者展示新创企业未来的财务状况和获利能力。

(七)风险分析

风险分析主要包括风险识别、风险评估以及风险管理措施等内容。

1. 风险识别

风险识别需要从宏观环境、行业环境和企业内部三方面进行考虑。其中,宏观环境决定的风险包括国家政策风险、经济周期风险以及经济环境风险;行业环境决定的风险主要包括市场风险和竞争风险;企业内部因素决定的风险包括技术风险、管理风险、产品风险、执行风险以及资本化风险。

2. 风险评估

风险评估是指在识别了新创企业可能面临的各种风险以后,创业者需要对各种风险进行描述,形成风险详细解释表。具体来说,风险评估就是运用风险图法,结合部门、过程、关键性业绩指标和主要风险类别来编制短期、中期以及长期风险图。

3. 风险管理

风险管理就是创业者通过对开展类似业务的企业进行深度访谈,获取实际企业防范风险的经验,以此为新创企业提出具体的风险防范措施,从而对项目风险进行有效的管理。

风险分析在于向投资者描述风险的客观存在及其合理的防范措施,以成功消除或减轻投资者的顾虑,将有助于获得投资者的青睐。

(八)退出策略

退出策略就是描述新创企业获得成功以后,投资者最终以现金的形式收回投资的主要途径和方式。目的在于让投资者确信他们能通过资助新创企业获得利益,从而增强其对创业项目的信心和对创业者及其团队的信任。

(九)人力资源管理

人力资源管理需要根据战略规划和发展目标,充分考虑企业规模、产品特点、生产技术条件和市场环境等因素来设计组织结构(如内涵及种类),阐明组织各部门的任务设置(如董事会、总经理、市场营销经理、财务经理、技术研发经理等),创业者与团队成员的基本情况(如姓名、岗位头衔、岗位职务和责任、业绩、先前工作和相关经历、教育背景等)和所有权结构及其分配情况;同时,根据内、外部环境的变化,预测企业未来发展对人力资源的需求,并制订招聘计划(如招聘职位、招聘方式、职位要求和上岗时间等)和薪酬计划,以保证企业的人才供给。

此部分的重要性在于,帮助投资者评估创业者及其创业团队的实力以及创业成功率,从而做出是否投资的决策。

二、创业计划的信息收集

准备创业计划的过程实质上就是信息的搜集过程,是分析并预测环境变化进而化解未来不确定性的过程。搜集并获取准确、到位的市场信息和行业信息有助于创业者了解市场行情,知晓客户需求,洞悉竞争对手的优势和自身的不足,确定市场发展方向。创业者应收集的信息主要包括以下几个方面。

(一)政策信息

不同的国家有不同的社会制度,不同的社会制度对组织活动有着不同的限制和要求。即使是同一个国家,在不同时期,国家的方针、政策、对经济活动的态度和影响也是不断变化的。主要的政策信息有以下几种。

(1)政府管制。体现为企业必须无条件服从和接受的政策和制度,如在药品安全、食品卫生、危险品制造等方面。制度的目的是保证国家及全民利益不受损害,是强制执行的。如果新创企业在选择项目时不了解相关政策,企业可能会遭受损失。

(2)经营许可。经营许可是指个人或企业获得合法经营某项业务的授权。并不是所有经营都要许可,但有些行业是必需的,如我国的医药、食品生产销售、种子经营、林木采伐、资源开采、房屋拆迁、民航客票销售代理、营业性射击场、小件寄存、证券资信评估、企业信用评价等行业。

(3)产业政策与贸易协定。包括政府的产业政策、投资政策和反垄断法规。加入世界贸易组织以来,中国国内的产业已经成为国际产业分工体系的一个组成部分,基本上所有的行业都处于与国际企业同一舞台竞争的地位,因而必须了解有关国际贸易协定的规定和发展趋势信息。

(4)税收优惠与政策鼓励。税收是国家调控经济的政策杠杆,它的变化直接影响着新创企业和创业者个人的收入。关注并利用国家的税收优惠政策可以有效地缓解创业初期的资金压力。此外,需注意搜集地区性的创新创业鼓励政策,如提供政府补贴、基金支持、担保融资、低息甚至贴息贷款、税收减免等。不少地方政府对大量安置下岗职工与残疾人的企业给予财政支持或税收减免等,这些都是创业者应该充分利用的政府政策信息。

(二)经济信息

经济信息主要包括宏观经济环境和微观经济环境两个方面的信息。

宏观经济环境主要包括社会经济结构、经济发展水平、经济体制改革和国家经济政策等方面的内容;微观经济环境主要指企业所在地区或所服务地区的消费者的收入水平和消费偏好、储蓄情况、就业程度等因素。这些因素直接决定着企业目前及未来的市场大小。

概括来说,主要的经济信息包括国内生产总值(GDP)及其增长率、贷款的可得性、可支配收入水平、居民消费(储蓄)倾向、利率、通货膨胀率、规模经济、政府预算和消费模式、失业趋势、劳动生产率水平、汇率、证券市场状况、外国经济状况、进出口因素、不同地区和消费群体间的收入差别、价格波动、货币与财政政策等。

(三)社会文化信息

社会文化信息包括一个国家或地区的居民受教育程度和文化水平、宗教信仰、价值观念、审美观点等信息。文化水平会影响居民的需求层次;宗教信仰和风俗习惯会禁止或抵制某些活动的进行;价值观念会影响居民对企业目标、企业活动以及企业本身的认可与否;审美观点则会影响人们对企业活动内容、活动方式以及活动成果的态度。

(四)技术发展信息

技术发展信息除了包括与企业所处领域的活动直接相关的技术手段的发展变化信息外,还涵盖国家对科技开发的投资和支持重点领域、该领域技术发展动态和研究开发费用总额、专利及其保护情况等信息。

复习与思考

1. 一份完整的创业计划应包含哪些内容?
2. 制订创业计划时应收集哪些信息?

模块三　创业计划书的撰写

【案例导入】

李凯是武汉纺织大学的大四学生,与他同龄的古望军就读于湖北工业大学。两人是高中同学,双双从外地考到武汉读书。去年,两个好兄弟又决定一起考研。

在考研复习数学时,古望军每当遇到难题不会解答,就会上网搜索,但常常找不到答案。各大考研资料网站大多只有文本材料下载功能,没有题库搜索能力;论坛中提问题,得到的答案却并不权威……

古望军和李凯碰面交流时"吐槽":为什么中小学都有问答类App,唯独关于大学的这一领域是空白的? 两人灵光一闪:能不能做一个大学生的学习问答社区,方便大学生在考研、英语四六级考试乃至各种考证的过程中互助学习?

一款用于学习问答的App应运而生。这款针对大学生群体的问答平台支持文字/拍照双模式提问,通过图像识别技术提取题目文本并匹配题库资源,由系统智能推荐、专业高手或教师提供解答。平台同时整合考试经验、课程视频、学习笔记等实用内容,并汇集周边院校讲座、选课指南及在线课程信息。社交板块设置"学霸圈""留学圈""四六级圈"等垂直社区,构建大学生学习社交矩阵。

李凯透露,创业初期,团队并没有急于开发 App,而是进行了全面而充分的市场调研。他们将市面上可以找到的所有问答类 App 都下载在手机上试用,最后选择了五款代表性产品,逐一分析各自的优劣。历时一个月的论证后,最终确定"文字＋拍照"双输入模式的技术方案。

2015 年 1 月中旬,项目团队入驻武汉光谷,备战年度首场路演。在专业人士的指导下,团队三次修订创业计划书及路演 PPT。1 月 24 日路演现场,身着西装的古望军凭借创新视角与项目亮点,甫一登台即引发投资方关注,当场收获投资意向。这场五分钟的精彩展示,最终为团队叩开 300 万元融资的大门。

一、创业计划书的格式

创业计划书一般没有固定的格式,但它一般包含创业目的、对新创企业和环境的描述、创业团队的组成、创业项目的风险和分析等重要内容。创业计划书可以为潜在的投资者描绘完整的新创企业的蓝图,并帮助创业者进一步深化对新创企业经营的思考。创业计划书的大体格式如下。

目录
摘要
1　执行总结
　　1.1　项目背景
　　1.2　目标规划
　　1.3　市场前景
2　市场分析
　　2.1　客户分析
　　2.2　需求分析
　　2.3　竞争分析
　　　　2.3.1　竞争优势
　　　　2.3.2　竞争对手
3　企业概述
　　3.1　企业介绍
　　3.2　总体战略
　　3.3　发展战略
　　　　3.3.1　初期战略
　　　　3.3.2　中期战略

3.3.3 终极战略

3.4 人力资源组织

3.5 财务管理制度

3.6 企业文化

3.7 服务概述

4 组织管理体系

4.1 组织机构

4.2 部门职责

4.3 管理模式

5 投资策略

5.1 股份募资

5.2 项目融资

6 营销策略

6.1 营销目标

6.2 营销模式

6.3 产品流动模式

7 财务分析

7.1 营业费用预算

7.2 销售预算

7.3 现金流量表

7.4 盈亏分析

8 风险分析

8.1 机遇

8.2 风险及策略

9 退出策略

附录 市场调查问卷

二、创业计划书的主要内容

(一)摘要

摘要是关于企业的基本情况、竞争能力、市场定位、营销策略、管理策略以及创业目的、投资前景和风险预测等方面的综合概述。摘要既是创业计划书的引文,引起投资者的阅读兴趣,又是创业计划书的总纲,让投资者对创业计划书的内容有整体的认知,因而对创业具有十分重要的作用。

摘要虽然在创业计划书的最前面,但在动笔写摘要之前,创业者要先完成创业计划书的主体部分,然后在反复阅读主体部分的基础上,提炼出整个创业计划书的精华,再开始写摘要。摘要一般是两页,最多三页。摘要无须涵盖创业计划书的所有内容,但要确保每一个关键问题都提到。凝练的创业计划书摘要应涵盖以下八个关键点。

1. 项目的独特性

首先概括企业的亮点。通常,可以直接、简练地说企业拟解决某个重大问题的方案或产品。在摘要的第一段,创业者可提到一些使人印象深刻的名字,如企业的知名顾问、已合作过的大企业、有名的投资公司等。

2. 问题和解决方案

用简要的话来介绍企业的产品(服务),以及它解决了用户的什么问题。这部分内容主要陈述产品(服务)的价值定位、创意价值的合理性。陈述时应用通俗的语言,不要用缩写语或专业技术用语。

3. 面临的机会

通过描述企业所处行业、行业细分、市场规模、成长性、驱动因素以及美好前景,来展示企业的市场机会。创业者最好能在一个环境良好并能有一定业务增长率的市场中占有较大份额,而不是在一个超大的成熟市场中占有较小的份额。

4. 面临的问题

创业者需要清楚地描述当前或者是将会出现的某个重大问题,通过解决问题来提高利润、降低成本、加快速度、扩张市场范围、提高效率等。

5. 企业的竞争优势

无论如何,企业都有竞争对手。创业者必须明确自己真实的竞争优势,并写出与竞争者的竞争方案。

6. 企业的商业模式

清晰地描述企业的商业模式,即怎样赚钱。需要阐述企业在产业链、价值链上的位置,合作伙伴是谁,他们为什么要跟你的企业合作,企业是否已经有了收入。如果已经有了收入,有多少;如果现在没有,什么时候会有。

7. 展示创业团队

展示企业的团队组成,介绍核心管理团队成员。不要简单地把每个团队成员的简历罗列出来,而应该解释每个团队成员的背景、角色、经历,为何有利于企业发展,以及成员间如何互补。

8. 预测财务回报

可以用一个表格来展示企业的历史财务状况和未来的财务预测。财务预测需要展示未来 3～5 年的,这样才能看到企业持续发展的趋势。注意,数据应该尽量客观,不能为了突出业绩而提供虚假数据。

(二)市场分析

细分市场,给自己进行市场定位。包括目标市场的定位与分析、市场容量估算和趋势预测、竞争分析和竞争优势、估计的市场份额和销售额、市场发展的趋势等。这部分内容应尽可能列举所有竞争企业和产品,特别要注意标明它们的销售额、所占有的市场份额和经济实力,并准确地说出创业企业的产品和竞争者的产品有何不同。

(三)企业概述

本部分重点阐释企业的发展战略,分阶段制订企业的发展计划与目标,包括商业模式、总体进度安排、分阶段发展计划与市场目标、研发方向和产品扩张策略、主要的合作伙伴与竞争对手等。

(四)组织管理体系

本部分内容包括企业基本架构、人力资源情况及管理、厂址选择与生产准备、生产工艺和服务流程、设备购置和改建、人员配备、生产周期、产品或服务质量控制与管理等。

(五)营销策略

制定有效的营销策略,确保产品顺利进入市场,并逐步提高市场占有率。需要定义产品、技术、顾客群等,分析新创企业所能提供的核心价值、附加利益等,制定符合市场特点的价格策略,构建通畅合理的营销渠道,提出新颖而富有吸引力的推广策略等内容。

(六)财务分析

本部分内容包括关键的财务假设,会计报表(包括资产负债表、收益表、现金流量表等),财务分析(投资回收期、敏感性分析等)。

(七)风险分析

风险分析包括技术、市场、财务等方面的风险和问题以及相应的规避计划等。

三、创业计划书的包装技巧

做一份能吸引人注意的创业计划书并在合适的时机展示它的魅力,是创业者应具备的基本素质。

(一)封面

一个好的封面会使阅读者产生良好的第一印象,因此封面的设计要有一定的审美艺术性,最好与众不同。封面纸应坚挺,色彩应醒目,在封面上可以印上企业的名称、地址、联系电话和创业计划书撰写的日期。

(二)打印稿

创业计划书必须打印成正规的计划书文本,字迹清晰,装订整齐。有时为了醒目也可选用彩纸,但不宜给对方留下刺激性的视觉印象。

(三)图形和表格

如果有必要,创业者可以在创业计划书中增加一些图形或表格来说明问题。一般来说,应该采用高品质的图形和表格。

(四)剪报

剪报不是创业计划书中必不可少的内容。但如果有高质量的关于企业及产品的报纸文章,可能会更吸引人。剪报要少而精。

复习与思考

1. 创业计划书一般包括哪几部分内容?
2. 创业计划书有哪些包装技巧?

单元四　创业资源

学习目标

一、了解创业资源的内涵与种类。

二、理解创业资源的作用。

三、掌握创业资源的获取途径。

四、掌握创业资源的整合原则与途径。

【案例导入】

国际商场是天津市高档商场的先驱,地处南京路商圈核心地段。南京路作为城市主干道,车流繁忙。国际商场正对面是熙熙攘攘的商业街。国际商场开业初期,门前缺乏过街设施,行人穿越南京路既不便又危险。修建人行天桥——所有经过此处的人想必都产生过这样的念头,然而政府部门迟迟未有动作。

一位年轻创业者对此却有独到见解:他并不认为这是政府必须承担的职责。经过主动协商,他向政府提出自筹资金建设天桥的方案,条件是获准在天桥设置广告位。这种"政府零投入、市民得实惠"的提议当即获得认可。取得批文后,这位年轻人立即锁定可口可乐等国际品牌展开广告招商。

在黄金地段设置广告位本就是企业梦寐以求的推广方式。很快,年轻人便凭借广告定金启动了天桥建设工程,工程款结算后尚有盈余。天桥竣工后,广告位如期投入使用,年轻人不仅全额收齐广告尾款,更由此赚取了事业发展的第一桶金。

模块一　创业资源的获取

一、创业资源的内涵与种类

(一)创业资源的内涵

资源是一切可被人类开发和利用的客观存在。英国经济学家彼得·蒙德尔等在《经济学解说》一书中将"资源"定义为"生产过程中所使用的投入",这一定义很好地反映了

"资源"一词的经济学内涵。资源,从本质上讲,就是生产要素的代名词,不仅包括自然资源,还包括人力、人才、智力等资源。

创业者在进行创业项目之前,要筹集并获得必要的资源。资源是企业在向社会提供产品的过程中,所拥有的或能支配的用以达到创业目标的各种要素以及要素组合。创业过程实际上就是创业者筹集、整合和拓展资源的过程,是创业者对创业资源重新整合,以获得竞争优势的过程。

(二)创业资源的分类

1. 根据资源发挥的作用进行分类

根据资源基础论,创业资源分为核心资源与非核心资源。在创业过程中,要学会识别核心资源,在立足核心资源的基础上发挥非核心资源的辐射作用。这样才能实现创业资源的最优组合,才能最充分地利用创业资源。

1)核心资源

核心资源是创业资源中最重要、有别于其他创业项目的具有优势的资源,是贯穿创业机会识别、筛选和运用三大阶段的关键主线。核心资源主要包括技术、管理和人力资源。

(1)技术资源。技术资源是一种积极的机会资源,它在创业初期起着最关键的作用。第一,技术是决定产品的市场竞争力以及获利能力的重要因素。第二,技术影响着所需创业资本的大小。第三,是否具有独特的核心技术影响着新创企业能否在市场中取得成功。

对于创业团队来说,主动寻找并引进具有商业价值的科技成果,是创业团队的核心竞争力所在。新创企业的首要任务就是寻找一种成功的创业技术。

(2)管理资源。管理资源即创业者资源,代表着创业团队的领导者本身对机遇的识别、把握能力和对资源的整合能力。这些能力都直接影响着创业的成败。管理资源对新创企业的成长具有十分重要的作用。

(3)人力资源。人力资源是企业创新的源泉,是企业的财富。一个创业团队在成长为企业的过程中,需要不断地去发现、去挖掘高素质人才,为团队注入新的活力。人力资源不仅仅包括创业者及其创业团队的特点、知识、激情,还包括创业者及其创业团队的能力、意识、社会关系、市场信息等。

2)非核心资源

非核心资源主要是指创业团队所需的资金、场地与环境资源,在创业过程中同样具有重要作用。

(1)资金资源。资金是创业者在创业过程中进行资源整合的重要媒介。对于创业者来说,在创业过程中筹集并投入一定的资金资源,不仅是创业活动得以开展的基础,更有助于筹集社会资源。资金资源包括创业需要的启动资金、创业转型或发展所需要的再次融资。

（2）场地资源。企业在选择场地时，要考虑多方面的因素。良好的场地资源能够大幅降低企业的运营成本，为企业提供便利的生产环境与经营环境，更能帮助企业在短期内积累更多的顾客或信誉好、报价低廉的供应商。

（3）环境资源。环境资源作为一种外围资源影响着新创企业的发展，包括信息资源、文化资源、政策资源、市场资源等。例如，信息资源可以为创业者提供优厚的场地、资金、管理团队等；文化资源是指企业的核心文化，有助于企业凝聚力的形成，促进企业的持续发展。

2. 从控制资源的主体角度分类

从控制资源的主体角度，又可将创业资源分为内部资源和外部资源。

1）内部资源

内部资源来自创业团队内部的积累，是创业者自身所拥有的可用于创业的资源。具体包括创业者个人或创业团队具有的知识性资产与技术专长、可用于创业的资金、关系网络、营销网络等。具体来说，主要包括以下几种。

（1）知识性资产和技术专长。创业者或创业团队所拥有的有价值的知识性成果被称为知识性资产，包括已经获得的各类知识产权，如专利、软件著作权等。在知识经济形态下，知识性资产和技术专长是创业团队的创业基础，代表着创业团队的核心竞争力。

（2）团队拥有的资金。创业团队所拥有的资金，不仅属于创业的核心资源，更属于内部资源。资金是一种速动性资产，可以迅捷地换回新创企业所需的各种其他资产，也可在其他资产难以快速兑现的情况下发挥应急作用。

（3）关系网络。关系网络是创业者或创业团队所拥有的各种社会关系的总和，包括创业者的个体关系网络以及新创企业的组织关系网络，如已有的客户资源、稳定的合作伙伴等。这些关系网络有助于创业团队进行市场拓展，为新创企业的初期创建及其后续发展奠定良好的基础，为新创企业的发展提供更为坚实的支持和保障等。

（4）营销网络。新创企业的发展、成功与强大的营销网络是分不开的，营销网络是重要的创业资源之一。创业团队无论是销售自己生产的产品，还是销售别人的产品，都需要强大的营销网络作为营销平台。

2）外部资源

外部资源则更多地来自外部的机会发现，在创业初期起着重要的作用。创业团队在创业初期，面临着资源不足的重要问题。一方面，新创企业的创新与成长必须消耗大量资源；另一方面，新创企业由于自身还很弱小，没有途径实现资源的自我积累与增值。因此，创业团队需要识别机会，从外部获取充足的创业资源，实现企业的快速成长。

（1）市场。市场是创业项目得以产生、生存并发展的基础，是创业者正确决策的重要信息依据，是适时调整创业思路的基础。在千变万化的市场经济中，创业团队需要及时搜集完备的市场信息,否则就会因信息滞后而处于竞争的劣势。

另一方面,在市场上首先获得客户认同、较早占据市场的新创企业具有更大的优势。消费者容易形成品牌忠诚度,为市场先行者带来更稳定的客户支持。因此,创业团队需要及时收集市场信息,努力开拓市场资源,积极争取获得更多的客户认同。

(2)政策信息。政府政策对创业活动的支持主要体现在为企业提供必要的优惠和支持,包括税收、注册等方面的支持。

创业者及创业团队需要在创业的过程中时时关注政策信息,把握政策变动中对自己有利的一面,及时避开或减轻对自己创业活动的不利影响。

二、创业资源的作用

创业者获取创业资源的最终目的是组织这些资源并服务于创业活动,使创业活动获得成功。因此,创业资源对创业活动有重要影响。下面就几种创业资源的作用列举如下。

(一)资金资源在创业中的作用

资金资源是创业者在创业活动中最重要的媒介,充足的资金有助于新创企业的发展。在创业的过程中,无论是进行产品研发、产品推广还是生产销售,都离不开充足的资金,并且大多数新创企业在创业初期是没有或少有收入的。因此,创业者在创业之前要准备好资金资源,以备不时之需,并规避因资金链断裂导致的创业活动失败的风险。

(二)技术资源在创业中的作用

针对基于技术服务的新创企业来说,技术资源是企业存在和发展的基石,是创业企业稳定发展的根本所在。因此,新创企业在进行创业之前,就要找寻、掌握有竞争力的技术。

(三)人力资源在创业中的作用

人才对于新创企业的成长和发展起着十分重要的作用。对于技术导向的新创企业来说,专业人才的获得显得尤为重要。因此,新创企业需要不断地去发现和挖掘高素质人才,为团队注入新的活力。

三、创业资源的获取途径

创业所需的资源有两个来源:一是自有资源,二是外部资源。自有资源是创业者自身所拥有的可用于创业的资源,如创业者自身拥有的可用于创业的资金、技术、信息、营销网络、管理才能等,甚至在有的时候,创业者所发现的创业机会也是其所拥有的创业资源。自有资源可以通过内部培育和开发获得,如企业通过一定的方式在内部开发无形资产,通过培训员工以及促进内部学习等方式获取有益的资源。外部资源则包括亲朋好友、同学、同事、商务伙伴或其他投资者的社会关系及其资源,或者能够借用的人、财、空间、设备或其他原材料等。各类资源的获取途径举例如下。

(一)获取创业计划的途径

实践表明,创业者可能通过以下途径来获取创业计划。

(1)吸引他人以创业计划作为知识产权资本加入创业团队,成为未来新创企业的股东。

(2)购买他人已有的创业计划,但要进行理性甄别,并请相关专家对该计划进行完善。

(3)创业者自己构思创意,委托专业机构研究并编制创业计划。

(二)获取关系网络的途径

关系网络即人脉资源、人际网络。戴尔·卡耐基曾说过:"专业知识在一个人成功中的作用只占 15%,而其余的 85% 则取决于人际关系。"对于个人来说,专业是利刃,人脉是秘密武器。获取人脉资源可通过以下途径。

1. 要善于结交陌生人

如果不甘于平庸,就必须不断拓展新的交往圈子,积累新的人脉资源。一个很好的办法就是,在不同的场合,勇于并乐于同陌生人说话。这样做,体现的是你的一种积极的态度,表现的是你对新鲜事物有激情和了解的愿望,可以让你不断得到新鲜的感受,在与自己圈子之外的人的谈话中,感受到与自己生活和工作的轨道不一样的新鲜氛围。或许,某个欣赏你的贵人正在远处等待着你。即使没有什么很大的收获,不断地接触陌生人,不断地接触新事物,让自己的神经系统处于一种新鲜刺激的应激状态而不是麻木不仁的状态,也是非常有益的。

2. 经常把微笑挂在脸上

微笑是与人交往的润滑剂。与人交往,大多愿意看到一副好脸色,冰冷的脸色就是告诉别人"我烦着呢,别来惹我"! 这就给人一种拒人于千里之外的感觉。看到这样的脸色,如果不是必须,大多数人会选择避开,以免自讨没趣。与人交往,实际上就是给人一个信号:"我现在很好,我愿意与人交往。"不管自己遇到多么不顺心的事情,在工作岗位和公共场合都要微笑对人。这不仅是一种基本素质,也是拓展人脉资源的需要。

3. 学会与人分享快乐

分享快乐的方式有很多,例如,与别人交流,互相支持,就是一种分享快乐的方式。与人分享快乐也要把握时机,采取正确的方法,可遇而不可求,顺其自然。

4. 成人之美,乐于助人

人都会有遇到困难的时候,如果别人有求于你,只要不涉及原则问题,大多数情况下应该予以帮助。帮助别人,需要量力而行,不要大包大揽。

总之,人脉资源是每个人的一座宝藏,这座宝藏的开发潜力是无限的。在关键时刻,这座宝藏能够发挥的能量也是不可估量的。当然,关键还在于宝藏的拥有者——也就你能不能利用、会不会利用这座宝藏。对于每个人来说,这可能是一本永远读不完的书、一门永远做不完的学问。

(三)获取资金资源的途径

1. 外源融资

创业团队可以通过市场交易获取资金资源,其中比较常见的一种方式是通过外源融资获取。外源融资是指企业通过一定的方式向企业之外的其他经济主体筹集资金,吸收其他经济主体的储蓄转化为自己的投资的过程。外源融资方式包括银行贷款、发行股票、企业债券等。此外,企业之间的商业信用、融资租赁在一定意义上说也属于外源融资的范围。

2. 内源融资

内源融资是指企业不断将自己的资金储蓄转化为投资的过程。它主要由留存收益和折旧构成。内源融资主要包括权益性融资和债务性融资两种方式。权益性融资构成企业的自有资金,投资者有权参与企业的经营决策,有权获得企业的红利,但无权撤退资金。债务性融资构成负债,企业要按期偿还约定的本息,债权人一般不参与企业的经营决策,对资金的运用也没有决策权。

(四)获取人才与技术资源的途径

获取起步项目所依赖技术的途径有:
(1)吸引技术持有者加入创业团队。
(2)购买他人的成熟技术,并进行技术市场寿命分析。
(3)购买他人的前景型技术,再通过创业团队的后续开发,将其包装为商品。
(4)自己研发,但这种方式花费时间长、耗资大。

(五)获取营销网络的途径

营销网络将帮助新创企业的产品或服务走上市场,换回用户的"货币选票"。一般情况下,新创企业可通过以下途径获取营销网络。
(1)借用他人已有的营销网络,使用公共流通渠道。
(2)自建的营销网络与借用他人营销网络相结合,扬长避短,使营销网络更符合新创企业的要求。

复习与思考

　1. 创业资源有哪些种类?
　2. 简述通过哪些途径可以获取创业资源。

模块二　创业资源的整合

创业资源整合是指创业者用最小的资源量获得最好的收益。在当今日趋激烈的企业竞争中,资源整合能力对企业的发展至关重要。资源整合能力强的企业,说明它充分利用了自己的内部资源与外部资源,处于竞争优势。创业者需要在获得各种创业资源后,有效地对其进行识别,并借助创业团队对创业资源进行组织和整合,以有效提高企业的核心竞争力。

一、创业资源整合的原则

(一)寻找利益相关者

创业团队在进行资源整合时,要关注与自身具有利益关系的组织和个人。首先,寻找出利益相关者,辨别出利益相关者之间的利益关系。其次,强化创业团队自身与利益相关者的利益关系,必要时可通过创新合作模式构建新的利益结合点。

(二)构建共赢机制

创业团队在进行资源整合的过程中,不仅要考虑自身的利益,还要考虑资源提供者的利益,使双方达到利益上的共赢。在与资源提供者进行合作时,创业者要选择有利于各方利益共赢的机制,并给资源提供者一定的回报。

(三)维持长期合作

资源整合以利益共赢为基础,需要以信任来维持,达到长期合作的目的。创业者要努力构建制度信任,从而与资源提供者建立更广泛的信任关系,以获取更长远的合作和更大的回报。

二、创业资源整合途径

大部分创业者在创业早期会面临创业资源匮乏的问题。成功地整合各方面的资源,是一个优秀的创业者必须具备的基本素质,是新创企业生存和壮大的前提。创业者可通过以下途径整合创业资源。

(一)业务外包

业务外包又称资源外包,是指企业在拥有合同的情况下,将一些非核心的、辅助性的功能或业务外包给专业化厂商,利用它们的专长和优势来提高新创企业的整体效率和竞争力,从而达到降低成本、提高效率、充分发挥核心竞争力和增强新创企业对环境的迅速应变能力的一种创业资源整合方式。

（二）合资

合资又称合营，是指企业通过合资经营的方式将各自的资源整合在一起，共同分享利润，共同承担风险。

（三）联合研发产品

新产品的开发是个复杂的过程，从寻求创意到新产品问世往往需要花费大量的时间和资金，而市场环境的复杂多变又使新产品开发上市的成功率极低。企业间共同开发与提供新产品，可以利用共同的资源，进行技术交流，减少闲置的人力资源，节省研究开发费用，分散高风险，共同攻克技术难题。两家企业或者多家企业联合开发一款新的产品，企业各自都可以利用新产品改造现有的产品，提高产品的质量或创新卖点，从而提高市场竞争力。

（四）资源共享

资源共享就是把属于本企业的资源与其他企业共享。共享方式可以是有偿的，也可以是无偿的。资源共享一方面可以充分利用现有资源提高资源利用率；另一方面可以避免因重复建设、投资和维护造成的浪费，是企业实现优势互补和高效、低成本目标的重要措施。

复习与思考

1. 简述创业资源整合的原则。

2. 结合以下案例，简述创业资源整合的途径。

【案例】蒙牛集团创始人牛根生在创业初期，与众多企业家一样面临资金匮乏的困境。然而，蒙牛集团的发展速度却令人瞩目，其关键在于独特的资源整合策略：通过统筹工厂产能、对接政府农村扶贫工程、联动农村信用社资金，构建起完整的产业链生态。面对运输难题，牛根生说服个体户投资购置运输车辆；针对员工住宿问题，创新性采用政府划拨土地、银行提供资金、员工分期还贷的模式；在生产问题上，农户通过信用社贷款购置奶牛，蒙牛以品牌信誉担保实行牛奶包销。通过这种资源整合方式，蒙牛建立起庞大的奶源网络，高峰期约300万农户参与。

单元五　企业的开办与经营管理

学习目标

一、了解新创企业的组织形式。

二、了解新创企业选择组织形式应考虑的因素。

三、了解新创企业登记注册的流程。

【案例导入】

2018年,《人民日报》新媒体评选"最受公众欢迎中国品牌榜","三只松鼠"荣登最具潜力榜,专家认为,"三只松鼠"有潜力成为"下一个国货领头羊"。

自2012年成立以来,"三只松鼠"通过互联网技术和大数据应用推动农业供给侧结构性改革,促进行业提质增效。企业以优质零食和愉悦体验为载体,持续满足人民日益增长的美好生活需要。作为新时代民营企业创新发展的典范,"三只松鼠"已成长为中国零食行业销售规模领先的品牌。"我们感恩这个时代,唯有坚持改革创新,才能不负这个干事创业的伟大时代。""三只松鼠"创始人、CEO章燎原深有感触地说。企业快速发展的背后,章燎原团队的创业故事,正是改革开放大时代下奋斗者不懈创新创造的生动缩影。"如果不是身在这个干事创业的好时代,'三只松鼠'的创业故事可能很难发生。"章燎原坦言。

章燎原仅持有中专学历,20世纪90年代"闯江湖"时未满20岁。青年时期历经多种职业尝试后,他加入安徽某农产品企业,从基层业务员逐步晋升为总经理,将一家年销售额不足400万元的小企业,发展为年销售额近2亿元的区域知名品牌。2012年,在坚果行业深耕九年后,他对传统农产品行业形成了深刻认知。"蓬勃发展的互联网唤醒了我的创业梦想——借助电子商务打造一个全国化的品牌。"2012年,章燎原带领五人团队在安徽芜湖创立品牌,专注坚果品类营销并抓住电商红利,仅用65天便登上天猫坚果类营销榜首。

模块一 创立新企业

企业创立前,创业者通过市场调研、分析市场,确定发展前景良好的创业商机,组建核心创业团队并制订创业计划。获得创业启动资金后,创业者即着手创立新企业。与创业过程的其他环节相比,创立新企业是创业过程中的关键步骤,因为成功创建新企业不仅是创业的实际活动,更能体现和检验创业成果。

一、新创企业组织形式及其选择

企业组织形式是企业法律形态的表现。开办新企业选择何种组织形式,要根据国家有关法规的要求和企业的具体情况来决定。

(一)新创企业组织形式

目前,在中国,企业的组织形式有个人独资企业、合伙制企业、股份有限公司、有限责任公司等几种。

(1)个人独资企业。个人独资企业起源最早,也是最普遍、最简单的企业组织形式,流行于小规模生产时期。个人独资企业在小型加工、零售商业、服务业领域较为活跃且十分普遍。即使在以大公司为主的欧美国家,个人独资企业的数量也占了大多数,其对社会经济生活的影响力不容忽视。

个人独资企业,也称个人业主制企业,是依照《中华人民共和国个人独资企业法》在中国境内设立,由一个自然人投资,财产为投资人个人所有,投资人以其个人财产对企业债务承担无限责任的经营实体。

(2)合伙制企业。合伙制企业,也称合伙企业,是由两个及以上的合伙人订立合伙协议,共同出资、合伙经营、共享收益、共担风险,并对合伙制企业债务承担无限连带责任的营利性组织。成立合伙制企业,应当遵循自愿、平等、公平、诚实信用原则。合伙人可以用货币、实物、土地使用权、知识产权或者其他财务权利出资。经全体合伙人协商一致,合伙人也可以用劳务出资。各合伙人对执行合伙制企业事务享有同等的权利。可以由全体合伙人共同执行合伙制企业的事务,也可以由合伙协议约定或者全体合伙人决定,委托一名或者数名合伙人执行合伙制企业事务。

(3)股份有限公司,是指其全部资本分为等额股份,股东以其所持股份为限对公司承担责任,公司以其全部资产对公司的债务承担责任的企业法人。大型企业和较大的中型企业一般采取这种组织形式。

(4)有限责任公司是经政府相关部门批准,由股东共同出资设立,股东以其出资额为限对公司承担责任,公司以其全部资产对公司的债务承担责任的法人组织。公司股东作为出资人按投入公司的资本额享有所有者的资产收益、参与重大决策和选择管理者等权利。公司享有由股东投资形成的全部法人财产权,依法享有民事权利、承担民事责任。有限责任公司这种企业组织形式一般适合于中小企业。

(二)新创企业组织形式的选择

合适的组织形式对于企业今后的发展壮大以及管理都有着重要的影响,因此,创业者要根据企业现有的人力、财力资源,并结合这几种组织形式的特点,选择合适的企业组织形式。其中,新创企业所普遍采用的主要是个人独资企业和合伙制企业形式。当创业者最初选择的企业组织形式不再适合企业的发展时,可以在企业经营过程中适时变更企业组织形式。创业者选择企业组织形式时,应着重考虑以下因素。

(1)承担责任。即企业参与者个人对企业负债的责任被控制在具体的有限数量范围内。股份有限公司、有限责任公司的股东对于公司债务承担有限责任,而合伙制企业、个人独资企业的投资者对企业债务承担无限责任。

(2)资产保护。这是指如果企业失败,企业组织形式将决定个人资产的风险有多大。股份有限公司、有限责任公司的股东由于承担有限责任,无须以个人资产清偿债务,个人资产风险小。而合伙制企业、个人独资企业的投资者由于对企业债务承担无限责任,不足部分需要用个人资产清偿债务,个人资产风险大。

(3)财务管理。随着企业的发展,创业者可能需要筹集更多的资金,为此,在选择企业组织形式时需要考虑未来是否容易筹集资金。股份有限公司可以向社会公开募集资金,未来可以发行股票、上市交易,有利于筹集更多的资金,对企业的发展壮大有利;有限责任公司次之;而合伙制企业和个人独资企业的投资者难以筹集更多的资金,对企业的发展壮大不利。

(4)资金分配方式。不同的企业组织形式决定了不同的资金分配方式,如营业利润、资金收益、税务减免等。

(5)税收差异。选择不同的企业组织形式意味着企业上缴的税收不同。合伙制企业和个人独资企业无须缴纳企业所得税,只需投资者缴纳个人所得税即可。

(6)企业环境。包括法律、政策等的规定和技术风险。

(7)个人关系。不同的企业组织形式对参与者的所有权、管理权和风险承担能力都有规定,这是企业良性运转必不可少的。

(三)新创企业名称的选择

企业名称,又称企业字号、企业商号,是指从事物质产品生产或提供有偿服务的组织或者群体的代号,用于和其他从事同样活动的组织或者群体进行区别。一家企业要成功开办,首先必须打出自己响亮的名称。企业名称好比一面旗帜,所代表的是企业在大众中的形象,也是一家企业走向成功的第一步。响亮的名称能让更多的人关注企业,进而了解企业的产品或服务,而企业和产品有广泛的知名度和良好的信誉,才能吸引更多的客户,产生更大的效益。企业名称的选择对一家企业未来的发展而言,是至关重要的,因为企业名称不仅关系到企业在行业内的影响力,还关系到企业所经营的产品投放市场后,消费者对企业和产品的认可度。例如,百度是出自"众里寻他千百度",因为百度是从事搜索引擎的行业,所以用这个名字是非常贴切的,既符合搜索引擎行业的特点,有深层次的文化底蕴,又是广大消费者熟知的、有中国特色的名称。从某种程度说,这个名字使百度明显区别于行业内的其他企业,为品牌塑造奠定了基础。

新创企业在选择名称时首先应符合我国《企业名称登记管理规定》和《企业名称登记管理规定实施办法》的要求,其次要简单好记、富有创意、新颖不落俗套、好读上口,符合社会和消费者的价值观念。

(四)新创企业地址的选择

企业的成功,除要考虑战略定位、团队建设、商业模式和市场运营等因素外,选址也是关键的一环。对于有创业打算的首次创业者来说,选择将创业地点放在哪个城市、哪个地理区域,是一件非常重要的事情,需要在最初的创业计划中予以重点考虑。

企业的选址是一项复杂的工程,需要兼顾企业各个方面的功能需求:一是要考虑区域,二是要考虑到具体的位置。例如,对于新创的高新技术企业而言,其选址要考虑政策环境、产业环境、孵化器水平等。

影响新创企业地址选择的因素很多,从宏观方面来说,主要有政治、经济、社会、技术、自然以及法律等方面的因素;从微观方面而言,主要涉及新创企业的产品、技术、战略、市场、相关支持产业等因素。

二、新创企业登记注册的流程

按照现行法律法规,创业者注册新企业需遵循一定的流程,并需要到相应的政府部门登记审批。企业注册流程一般包括企业核名、经营项目审批、公章备案、验资、申领营业执照、银行开户、税务登记、社会保险登记等。

(一)企业核名

新创企业注册的第一步就是企业名称审核,即查名。名称是企业商业信誉的载体,同时包含了一定的财产价值。根据《企业名称登记管理规定》(以下简称《规定》),申请人依法自主选择符合《规定》的企业名称,承诺自行承担法律风险,减少政府对企业名称资源的直接配置和对企业自主选择名称权利的干预。企业登记机关为申请人提供查询、选择名称等服务,申请人自主选择企业名称,登记机关不再对企业名称是否与其他企业名称近似作审查判断,申请人可以通过企业名称申报系统或者在登记机关服务窗口提交有关文件、资料,对拟订的企业名称进行查询、比对和筛选,选取符合规定的名称。同时申请人还应承诺因企业名称与其他企业名称近似侵犯他人合法权益的,应自行承担法律责任。企业名称自主登记不要走偏,比如,有的企业名称太过另类,在网络上引起争议,产生不良影响；有的企业名称"傍名牌"、打擦边球，涉嫌侵权。为此，《规定》明确要求，企业名称违背公序良俗或者可能有其他不良影响的，应当及时纠正。

创业者需要通过工商行政管理部门进行企业名称注册申请，由工商行政管理部门进行审定后给予注册核准，并发放盖有工商行政管理部门名称登记专用章的"企业名称预先核准通知书"。此过程中申办人需提供法人代表和股东的身份证复印件，并提供2～10家企业名称，写明经营范围、出资比例。

(二)经营项目审批

如新创企业的经营范围中涉及特种行业许可经营项目，则需报送相关部门审核批准。特种行业许可经营项目涉及旅馆、印铸刻字、旧货、典当、拍卖、信托寄卖等行业，需要消防、治安、环保、科委等行政部门审批。特种行业许可证的办理，根据行业情况及相应部门规定的不同，分为前置审批和后置审批。

(三)公章备案

企业办理工商注册登记过程中，需要使用印章，该印章由公安部门刻出。企业用章包括公章、财务章、法人章、全体股东章、企业名称章等。

(四)验资

按照《中华人民共和国公司法》的规定，投资者需按照各自的出资比例，提供相关注册资金的证明，通过审计部门进行审计并出具验资报告。

(五)申领营业执照

相关材料包括企业章程、企业名称预先核准通知书、法人代表和全体股东的身份证、企业住所证明(房产证或租赁合同)复印件、前置审批文件或证件、生产型企业的环境评估报告等。

根据《国务院办公厅关于加快推进"五证合一、一照一码"登记制度改革的通知》(国办发〔2016〕53号)的精神，从2016年10月1日起正式实施"五证合一、一照一码"，在更大范围、更深层次实现信息共享和业务协同，巩固和扩大"五证合一"登记制度改革成果，进一步为企业开办和成长提供便利化服务，降低创业准入的制度性成本，优化营商环境，激发企业活力，推进大众创业、万众创新，促进就业增加和经济社会持续健康发展。

原来分别由不同部门核发的营业执照、组织机构代码证、税务登记证、社会保险登记证和统计登记证，现统一由工商行政管理部门核发加载法人和其他组织统一社会信用代码的营业执照。

(六)银行开户

新创办企业需设立基本账户，企业可根据自己的具体情况选择开户银行。银行开户应提供的材料包括营业执照正本、企业公章/法人章/财务专用章、法人代表身份证等。

(七)税务登记

创业者应该到税务局先进行企业的基本信息登记,办理税种核定,然后办理发票领购簿和票种核定,最后签订三方协议(企业、银行、税务机关),开通网上申报。报送资料包括营业执照副本及复印件、企业法人代表身份证及复印件、全国组织机构统一代码证副本及复印件、企业公章和财务专用章等印鉴、开户银行账号证明、生产经营地址的产权证书或租赁协议复印件、主管税务机关需要的其他资料。

(八)社会保险登记

社会保险登记是社会保险费征缴的前提和基础,也是整个社会保险制度得以建立的基础。县级以上劳动就业保障局主管社会保险登记。依据《中华人民共和国社会保险法》第五十七条规定:用人单位应当自成立之日起 30 日内凭营业执照、登记证书或者单位印章,向当地社会保险经办机构申请办理社会保险登记。社会保险经办机构应当自收到申请之日起 15 日内予以审核,发给社会保险登记证件。

复习与思考

1. 创业者选择企业组织形式时,应着重考虑哪些因素?
2. 简述新创企业登记注册的流程。

模块二　新创企业的成长管理

企业的发展是对自身不断进行审视,对企业发展定位及运行模式不断进行优化和调整的过程。这就意味着,企业在创立后并不能自发进入快速成长阶段,而需要不断调整和改进最初设定的发展定位、检验并完善原来设计的商业模式、探索并建立稳定的业务组合、不断充实企业管理团队等。新创企业在不断探索和寻求发展的过程中,科学有效的管理必不可少。而要对新创企业实施科学有效的管理,必须充分认识其成长过程及不同阶段的发展特征,以采取有效的管理策略。

一、新创企业的成长阶段

企业在不同成长阶段有不同的特点,因此,在不同的发展阶段,企业的管理要求也有所不同。本书将新创企业的成长阶段分为创业期、婴儿期、学步期、青春期以及成熟期。

(一)创业期

创业期指的是企业从无到有的过程,即企业的孕育过程,是创业者将一个技术概念或构想进行商业化开发的过程,也就是我们通常所说的狭义的创业过程。

创业期管理的重点是创业者的个人行为。创业者要将目标与行动有效结合起来,着眼于企业的长远发展。同时,创业者也必须认识到创业活动本身的探索性特征,要在干中学,在实践中总结创业经验。

(二)婴儿期

新创企业一旦创立,对企业的管理就需要转变为组织化管理。组织化管理必须依据这个阶段组织的基本特征进行。处于婴儿期的企业,作为一个刚具备初始形态的组织,组织结构处于建设过程中,因此,首先要明确创业团队中各成员的组织身份。其次,市场拓展在这个阶段是非常重要的任务,新创企业需要培养或引进市场营销人才,建立营销机构或网络,进而提高组织的复杂性。此外,处于婴儿期的企业必须持续筹措资源,并以保持企业生存为优先任务。

(三)学步期

新创企业度过了艰难的婴儿期后,自信程度得到了提高,逐步步入学步期。在学步期,随着业务不断拓展,企业发展壮大,建立起相对稳定的组织结构和管理团队;企业产品已经得到市场认可,与供应商、客户等形成稳定密切的合作关系;有稳定的现金流产生,对外部资源的依赖性降低。然而,企业的发展会使一些创业团队自信心膨胀,甚至失去理智做出错误的决策和承诺,即出现所谓的"小马拉大车"的现象。为保障新创企业顺利发展,学步期企业的管理要求如下。

(1)完善企业内部机制。将创业者的激情转变为理智的思考,完善企业制度,形成集体决策、分工合作的工作机制。建立和完善管理团队,加强企业的规范化、制度化建设。

(2)避免盲目扩张。在企业拥有稳定现金流的前提下,创业者及其团队必须意识到企业的资源是有限的,要对自身进行正确定位。

(3)制订合理的企业发展计划。依据创业计划书中的企业发展目标,确定企业各项业务的开展顺序,分清轻重缓急,合理安排时间,有效利用各类资源。

(四)青春期

青春期是企业从建立到成熟的过渡阶段,伴随企业经营管理复杂程度的提高,各类矛盾纷纷显现。随着在市场上站稳脚跟,企业具备了一定的剩余资源,生存已经不再是问题,而发展成为企业要考虑的首要问题。处于青春期的企业面临的最大问题是管理风险,如果不能在青春期实现转化,完成从感性探索到理性战略的转换,那么企业很容易陷入混乱。青春期企业的管理要求如下。

(1)明确企业内部管理团队的分工,使创业者和管理团队同时掌握一定的权力,建立平等的合作关系。

(2)确定企业战略和发展愿景,重新定义企业使命、经营宗旨以及发展方向等要素,使之得到企业员工的认可,达成广泛共识。

(3)依据企业的使命、宗旨和战略目标建立规章制度。同时,对于战略的执行、制度的落实以及对各种矛盾的处理与协调,企业都必须做好缜密的计划,不能急于求成,要安排好切实可行的步骤与措施。

(五)成熟期

成熟期的企业资源较为丰富、内部管理相对完善,是企业取得成就的最佳时期。企业产品形成规模,技术上建立了优势。但此时,制度化建设强化了组织刚性,企业与外部环境的互动减少,使得企业的灵活性减退甚至消失。成熟期企业的管理要求更高。

(1)创业者及其团队必须保持年轻的心态、创业的激情。企业管理层必须密切关注外部环境的变化,促进产品技术创新。

(2)加强企业文化建设,将创新创业精神确立为企业的核心价值。通过强化创新创业精神保持管理者的好奇心并激发企业员工的探索精神,使企业能够与时俱进。

二、新创企业的成长管理策略

新创企业的成长与发展是一个动态的过程,是在变革创新和强化管理的基础上,通过各种资源的不断积累与整合,从而实现企业的可持续发展。新创企业的成长管理可采用以下策略。

(一)整合外部资源

由于规模小,各种资源相对匮乏,为了在不确定的环境中持续成长,新创企业必须学会整合外部资源,发挥资源的杠杆效应。为此,新创企业可通过缔结战略联盟、首次公开上市等方式实现企业成长。

(1)缔结战略联盟。新创企业可通过缔结垂直联盟,使得处于营销上下游环节上的不同企业(如供应商、制造商、经销商)共享利益、共担风险、长期合作。新创企业还可以缔结水平联盟,使不同行业的企业共担营销费用,并在产品促销、营销宣传、品牌建设等方面实现资源共享,如生产刀具的企业与生产厨房电器的企业联盟。

(2)首次公开上市。新创企业发展到一定的规模,符合首次公开上市的要求时,就可选择这一管理策略。公开上市可为企业带来以下好处:首先,能在资本市场上获取企业发展所需要的大量资本,并使其他金融机构对企业的信心得到增强,从而提升企业的融资能力。其次,可以提高企业的知名度,也可以提高企业在利益相关者(如消费者、供应商和投资者)心目中的可信度。再次,能为创业者在短期内创造大量财富,实现财富聚集。最后,可为企业员工和股东创造财富,使得大家对企业的发展更具信心。

(二)及时实现从创造资源到管好、用好资源的转变

从创造资源到管好、用好资源是指企业在开发各种生产经营所必需的资源的同时,也应采取必要的措施,加强对各种资源的管理,并充分利用已开发的资源为企业创造更大的价值,实现创造与利用并举。

若企业只注重创造资源,忽视对所创造的资源进行科学管理和有效利用,则容易导致某些资源被企业内部员工占用,使企业蒙受经济损失,还可能会在无形中培养出一批

同行业竞争对手。

(三)形成比较固定的企业价值观和文化氛围

企业价值观是在长期生产经营活动中逐渐形成的,是由企业的管理者和员工共同分享的价值观念,是企业成长与发展的灵魂。企业一般以企业宗旨、企业精神、企业经营理念等形式,将自身的价值观传递给员工,使员工明确企业的目标,领悟企业的精神,并努力把企业的价值追求转化为生产经营的实际行动。

企业价值观虽然是无形的,却融入了企业成长的全过程,渗透在企业生产经营的方方面面,如怎样与员工分享财富与成功,以何种方式回报社区与社会,如何利用和节约资源、保护生态环境。

企业文化氛围是由企业员工对企业使命和愿景的期望及创业者的目标、理念和态度共同形成的,是企业应对成长过程中出现的一系列问题的关键。新创企业在制定兼顾长远目标的短期目标、设立高水平的道德标准、激发员工个人的能动性、采用特定的管理方式、打造清晰的团队精神等方面所形成的文化氛围,会对企业的绩效产生十分显著的影响。主要原因是,员工清楚创业者及管理团队的目标追求与管理方式后,其在生产经营中的付出与努力将直接反映在企业业绩上,从而促进新创企业成长。

(四)注重用成长的方式解决成长过程中出现的问题

用成长的方式解决成长过程中出现的问题,其本质是不断变革。随着企业的成长,规模在不断壮大,效益越来越好,社会地位越来越高。与此同时,企业的管理也越来越复杂。为此,企业可通过以下途径来解决成长过程中出现的各种问题。

(1)创新人力资源管理。人力资源是企业实行变革与创新最重要的因素,即企业实行变革与创新需要强有力的管理团队和高素质的管理人员。为此,企业应采取积极的人力资源政策,加大人力资源管理创新的力度。例如,通过创新人才内部培养机制,挖掘企业现有人才的潜力;通过创新人才引进机制,为企业引进高层次人才;通过创新利益分配机制,留住人才。

(2)创新经营管理体系。企业的经营管理体系涉及员工招聘与培训,物资采购,产品生产、运输、销售等各个环节。随着企业逐步成长,其经营管理越来越复杂。因此,只有不断变革,构建更加科学、合理的经营管理体系,才能适应企业成长的需要。

(3)掌握变革与创新的切入点。新创企业要善于把握变革与创新的切入点,或从经营策略切入,或从竞争策略切入,或从售后服务切入,由点及面,逐步推进。这样做的好处是成本小、见效快、失控的可能性小,即使在变革与创新的过程中出现一些问题也能及时止损、快速调整。

(五)从过分追求速度到突出企业的价值增加

新创企业的成长主要表现为规模的扩大,具体体现在销售额的增长与利润的增加上。但是,企业过分追求发展速度,往往导致销售额增长很快,但利润却没有增加。因此,新创企业发展到一定程度时,通过企业经营结构、组织结构和技术结构等方面的更新与完善,企业内部资源的合理配置和企业核心竞争力的增强,使企业从追求发展速度转向重视价值增加。

复习与思考

  1. 简述新创企业的成长阶段及发展特征。

  2. 简述新创企业的成长管理策略。

模块三　新创企业的风险管理

【案例导入】

  2000 年以前,安然公司曾是美国最大的能源集团之一,年度营收突破千亿美元,员工规模达 2 万人,位列《财富》500 强第 7 位。然而这家行业巨头却在 2001 年末突然爆出第三季度 6.4 亿美元巨额亏损,最终走向破产。

  危机爆发始于 2001 年 10 月。美国证监会调查发现,自 1997 年以来,安然通过 SPE(特殊目的实体)等表外工具隐瞒 5 亿美元债务,并系统性虚增利润 5.8 亿美元。消息披露后,公司股价从年初的 80 美元断崖式跌至 0.8 美元,市值蒸发 99%。具有讽刺意味的是,在申请破产保护前的 10 个月里,公司仍以"达成股价目标"为由,向高管发放了 3.2 亿美元分红。

  后续调查发现,安然的董事会及审计委员会均采取不干预监控模式,没有对管理层实施有效的监督,也未质疑会计手段。多位董事事后承认,对公司的真实财务状况及金融衍生品交易风险缺乏基本认知。

  由于安然将高管薪酬与短期股价表现直接挂钩,诱发管理层通过 SPE 架构和财务造假虚增利润,以获取超额奖金。

  虽然安然引用了先进的风险量化模型监控市场风险,但运营层面的内控制度被管理层系统性破坏。调查显示,管理层经常越权推翻既定的风控流程。这是最终导致安然倒闭的重要因素。由此可见,当技术创新突破道德底线时,当监管体系滞后于金融创新时,光鲜的财务数据下可能早已暗藏系统性风险。

  创业者在创业过程中需要承担包括负债、资源投入、新产品和新市场的引入以及新技术投资等各种风险,而承担风险的同时也代表着把握机会。从财务角度看,高报酬往往意味着高风险。德鲁克在《创新与企业家精神》一书中指出,成功的创业者不是盲目的风险承担者,他们采用各种方法降低风险,以提升竞争能力。

一、创业风险的特征

创业风险是指企业在创业过程中存在的风险,即由于创业环境的不确定性、创业机会与新创企业的复杂性,创业者、创业团队与创业投资者的能力与实力的有限性而导致创业活动偏离预期目标的可能性。简单来说,创业风险主要指在创业过程中所面临的三个问题:可能造成的损失;损失造成的影响;这些损失的不确定性。创业风险具有以下特征。

(一)不确定性

创业的过程往往是指创业者的"创意"或是创新技术市场化的过程。在这一过程中,创业者面临来自外部和内部的各种难以预知的变化,如政策和法规的变化、遭遇市场竞争对手的排斥、供应商或消费者的变化、投资方资金不及时到账、创业团队成员因目标不同而散伙等,导致创业失败。

(二)可测量性

尽管创业风险具有不确定性,但任何事物的发生都是有其必然性的,都是有规律可循的。随着科学技术的进步、创业者自身素质的不断提高以及人们对创业活动的认知不断提升,创业风险的规律性是可以被认识和掌握的。创业者可以通过定性或定量的方法,对创业风险进行测量和评估,并在此基础上推断创业风险的分布、强度及发生的概率。

(三)相对性

创业风险是相对变化的。不同的对象有不同的风险,而且随着时间、空间的改变,创业风险也会发生变化。不同的创业主体,面对同一风险事件,会产生不同的风险体验和风险结果,因为他们对风险的认知是有差异的,所拥有的创业资源的数量、质量和结构也不一样,风险承受能力也各不相同,所采取的风险管理决策也不尽一致。

(四)双重性

与自然灾害、意外事故等带来的风险只会产生损失不同,创业活动所面临的主要风险是和创业的潜在收益共生的。对创业者而言,为了获得潜在的创业收益,必须承担相应的创业风险。如果能够很好地防范和化解创业风险,创业收益就会有很大程度的增加,即风险是收益的代价,收益是风险的报酬。

二、创业风险的类型

要对创业风险进行有效的管理,首先需要对创业风险按照多个标准进行分类。

(一)按创业风险的内容划分

(1)项目风险。项目风险是指由各种主客观因素导致的项目选择错误和项目运行失败。在商业机会的识别与评估过程中,由于各种主客观因素的影响,如信息获取不足、逻辑推理偏误、项目评估不科学、高估商业可行性、低估风险与难度等,错误地选择创业项目,或错误地放弃原本有价值的创业项目,使创业一开始就出现方向性错误。

(2)市场风险。市场风险是指由于市场情况具有不确定性而导致新创企业收益或损失也具有不确定性。市场风险包括市场对新产品的接受时间与接受能力的不确定性、产品扩散速度的不确定性、售后服务的不确定性、新创企业市场竞争能力的不确定性等。

(3)管理风险。管理风险是指在创业过程中因管理不善而导致创业失败的风险。创业者并不一定是个出色的创业家,也并不一定具备出色的管理才能。当企业发展到一定规模时,原来松散的管理方式很容易导致风险事件的发生。创业的管理风险主要包括人力资源管理风险、营销管理风险、管理制度风险等。其中,人力资源管理风险主要包括创业团队分裂、员工招募不当、关键员工流失、人员配置不科学等风险;营销管理风险包括新产品市场定位不准、营销策略失误、营销人员管理松懈、营销执行力不足等风险;管理制度风险包括管理制度缺失、制度制定不科学、制度执行不力等风险。

(4)财务风险。财务风险是指企业财务结构不合理、融资不当,使企业丧失偿债能力而导致投资收益下降或破产的风险。新创企业的财务风险主要包括筹资风险、投资风险、现金流风险。

(5)技术风险。技术风险是指由于拟采用技术的不确定性,以及技术与经济互动过程的不确定性,导致创业活动达不到预期目标的风险。技术的不确定性既包括企业现在拥有的技术本身的功能和成长的不确定性,也包括与之相关的配套技术和替代技术的变动所带来的不确定性。特别是对于高新技术企业而言,企业之间的技术竞争十分激烈,技术的生命周期越来越短,现有技术很容易被更新的技术替代。

(二)按创业风险的来源划分

(1)系统风险。系统风险源于企业之外,是微观决策主体无法左右、无法影响的与宏观的政治、经济、社会等方面相联系的风险。系统风险由共同的宏观因素引发,一旦发生,通常对所有的行为主体均产生影响,因此又称不可分散风险。政治方面,如政权更迭、战争冲突等;经济方面,如利率上升、汇率调整、通货膨胀、能源危机、宏观经济政策与货币政策等;社会方面,如体制变革、所有制改造等。

(2)非系统风险。非系统风险则源自企业内部,是微观决策主体本身的商业活动和财务活动所引发的风险。非系统风险跟外部宏观环境无关,只由某一企业自身的特殊因素引发,往往也只对个体企业产生影响。新创企业的非系统风险包括人力资源风险、机会选择风险、技术风险、管理风险等。

(三)按是否可通过保险转嫁划分

(1)可保风险。可保风险是指可以通过购买保单、支付保险费向保险公司进行转嫁的风险,如员工医疗保险、养老保险、失业保险、工伤保险、生育保险、交通车辆的第三者责任险、建筑物的火灾保险等。可保风险建立在大数法则和统计规律的基础上。当有众多同类标的处于相同的风险之中时,保险公司就可以通过收取保险费的方式使风险分摊。某一个保险对象一旦发生损失事故,就可以从保险公司获得补偿以减少损失。

(2)不可保风险。不可保风险是指由于风险发生的概率不确定,或处于相同风险中标的数量不够多,导致相应的保险品种缺失而不能使风险在风险标的之间进行分摊。

可保风险与不可保风险的分类为新创企业提供了一种基本的风险管理方法:对于可保风险,新创企业应该向保险公司转嫁;对于不可保风险,新创企业应采取防范、避免、自留、抑制等方式降低风险事故发生的危害。

以下提供了一份创业初期可能面临的风险清单。需要注意的是,无论采用什么样的方法,都不可能穷尽所有的风险。企业经营过程中会出现很多不可控的因素,创业者要随时做好应对风险的准备。

创业初期风险清单

(1)法律法规政策:业务开展是否符合当地法律法规?

(2)区域文化、风俗:产品或服务是否适应当地文化和风俗?

(3)市场变化:市场需求是否发生变化? 如何应对?

(4)竞争者动态:竞争对手在做什么? 他们的策略是什么?

(5)技术变革:技术变化是否会对业务产生重大影响?

(6)利率与汇率波动:利率或汇率变化是否会影响成本或收入?

(7)生产力:生产效率是否达到预期目标?

(8)行政流程:内部流程和程序是否高效运行?

(9)延迟营业:是否有主要活动可能导致营业延迟?

(10)存货管理:库存是否合理? 是否存在过多或不足的情况?

(11)产品(服务)质量:产品或服务质量是否满足客户需求?

(12)用户服务:客户服务是否令用户满意?

(13)现金流量:现金流是否充足? 是否存在资金链断裂的风险?

(14)销售业绩:销售是否达到预期目标?

(15)利润水平:利润是否达到预期?

(16)运营控制:主要运营活动是否在可控范围内?

(17)品牌识别:品牌是否已建立? 市场认知度如何?

(18)用户价值主张:是否清晰传达了用户的价值主张? 是否被用户接受?

(19)推销策略:推广活动是否有效? 是否在预算和控制范围内?

(20)管理团队:团队组织是否高效? 职责分工是否明确?

(21)知识产权:知识产权是否得到充分保护? 是否存在侵权风险?

(22)竞争优势:竞争优势是否被削弱? 如何保持竞争力?

(23)投资需求:是否需要追加投资? 资金是否充足?

（24）债务人管理：应收账款是否在可控范围内？是否存在坏账风险？

（25）利率与汇率：利率或汇率变化是否会影响财务成本或收入？

三、风险评估

风险评估包括以下内容。

（1）对风险本身的界定，包括风险发生的可能性、风险强度、风险持续时间、风险发生的区域及关键风险点。

（2）对风险作用方式的界定，包括风险对企业的影响是直接的还是间接的、是否会引发其他的相关风险、风险对企业的作用范围等。

（3）对风险后果的界定。在损失方面，如果风险发生，会对企业造成多大的损失？如果要避免或减少风险，企业需要付出什么代价？在风险收益方面，如果企业冒了风险，可能获得多少收益？如果避免了风险，企业能得到多少收益？

风险管理的优先级可参照三个维度确定：风险发生概率、风险所带来的损失大小（影响）以及风险的可控性。一般来说，越不受控制、影响越大、发生概率越高的风险越危险。此类风险很难避免，但一定要密切监测，尽量减少损失。

通过对风险发生概率、影响力和可控性三个因素的评分可以计算出事件的风险指数：$RI=PI/C$。

其中，P 为风险发生概率，I 为风险影响力，C 为风险可控性。每一个因素可进行赋值，如分为低、中、高三个级别，分别对应的数字从小到大，最终所获得的风险指数 RI 越高，说明该事件对企业构成的风险越大。在风险防范和管理中，要着重监测风险指数高的风险事件，并对其做好应对。

四、风险监测

如前文所述，企业经营的风险分为系统风险和非系统风险。系统风险是指由某种全局性的共同因素引起的，创业者或初创企业本身控制不了或无法施加影响，并难以采取有效方法消除的风险，如环境风险、市场风险等。非系统风险是指由特定创业者或初创企业自身因素引起的，只对该创业者或初创企业产生影响的风险，如机会选择风险、人力资源风险、技术风险、管理风险、财务风险等。所谓风险监测主要是对企业经营过程中的非系统风险的监控。

（一）机会选择风险

机会选择风险是一种潜在风险，是指由于选择创业而失去其他发展机会可能损失的最大收益。因此，创业者在创业准备之初就应该对创业的风险和收益进行全面权衡，将创业目标和目前的职业收益进行对比，并结合当下的创业环境、自己的职业生涯规划进行分析。

(二)人力资源风险

人力资源是创业活动中最重要的资源,由此产生的风险对初创企业来说往往也是致命的风险,所以一定要予以充分关注。首先,创业者应不断充实自己,提高个人素质;其次,招聘具有良好职业道德素质和与团队需求相匹配的人员,建立合法合规的劳务关系;最后,通过沟通、协调、奖惩、评价等手段管理创业团队,科学合理地对团队成员进行绩效评价,实现个人、团队、企业整体效益的提升。

(三)技术风险

创业过程中,企业应通过加强自身能力建设或建立创新联盟等方式减少技术风险发生的可能性。第一,重视技术方案的咨询论证,就技术方案的可行性进行研究,减少技术开发与技术选择的盲目性。第二,改善内部组织,建立有利于技术创新的生产过程组织。第三,通过选择合适的技术创新项目组合,进行组合开发创新,降低整体风险。第四,建立健全技术开发的风险预警系统,及时发现技术开发和生产过程中的风险隐患,重视专利申请、技术标准申请等保护性措施。第五,建立健全有关技术治理的内部控制制度,加强对技术资产的监督治理。

(四)管理风险

努力提高核心创业成员的素质,使其树立诚信意识和市场经济观念并建立能适应企业不同发展阶段变化的组织机构。设立正确的创新目标,最大限度地利用现有条件制订科学合理的创业计划,其中包括对风险的预测及相应的防范规避机制。组织的过程管理要以计划为依据,充分挖掘企业各种资源,使现有资源的效用发挥到最大,根据创业需要适时调整组织结构。

(五)财务风险

企业财务风险是客观存在的,完全消除财务风险是不现实的。企业的财务活动贯穿于生产经营的整个过程,筹措资金、长短期投资、分配利润等都可能产生风险。筹资困难和资本结构不合理是很多初创企业明显的财务特征和主要的财务风险。创业者要对创业所需资金进行合理估计,避免筹资不足影响企业的健康成长;学会在企业的长远发展和目前利益之间进行权衡,设置合理的财务结构,并管理好企业的现金流,避免出现现金流带来的财务拮据甚至破产清算的局面。

五、新创企业风险防范与控制

针对新创企业存在的风险因素,在进行风险识别、监测和评估的基础上,通过采用不同的风险控制技术,以减小风险暴露,降低损失频率,减小损失幅度的过程叫风险防范与控制。新创企业常用的风险防范与控制方法有风险规避、风险缓解、风险转移、风险自留以及风险应对组合策略。

(一)风险规避

风险规避是指考虑到风险事件发生的可能性,主动放弃或拒绝实施可能导致损失的方案。通过规避风险,可以在风险事件发生之前完全规避某一特定风险可能造成的损失。风险规避主要适用于两种情况:一是某种特定风险所致的损失频率和损失程度相当高;二是采用其他风险防范措施所需成本超过该项活动所产生的经济效益。

(二)风险缓解

风险缓解是指在损失发生前消除损失可能发生的根源,并减少损失事件发生的频率。风险缓解的措施主要包括降低风险发生的可能性、控制风险损失、分散风险和采取一定的后备措施等。采取预防措施以降低风险发生的可能性是风险缓解的重要途径。如生产管理人员通过加强安全教育和强化安全措施,减少事故发生的机会,从而减少生产风险。

(三)风险转移

风险转移是指新创企业为避免承担风险损失而有意将损失或与损失相关的收益转移给其他企业的方式。其表现为三种形式:控制型非保险转移、财务型非保险转移、保险。控制型非保险转移是指新创企业通过契约或合同将损失的财务负担和法律责任转移给非保险业的其他人,以降低风险发生频率和减少其损失幅度。具体有三种方法:出售、转包(或分包)、租赁。财务型非保险转移是指通过引入风险投资或者其他资金参股的形式,降低创业者自身所承担的风险。通过保险实现风险转移,是指新创企业根据有关法律与保险类企业签订保险合同。这是由保险公司提供的一种通过多数人的力量分散风险并及时、有效地给予经济补偿的办法。

(四)风险自留

风险自留又称为承担风险,它是一种由创业者自身承担风险损失的措施。风险自留以新创企业具有一定的财力为前提条件,这样才能使风险发生后的损失得到补偿。在一定程度下,风险自留可能使创业者面临更大的风险。风险自留这一策略更适合于风险所致的损失概率和影响较低、损失短期内可以预测以及最大损失不影响创业活动正常进行时采用。

(五)风险应对组合策略

风险应对组合策略是指在风险应对中,根据实际情况将风险规避、风险缓解、风险转移、风险自留等策略综合起来进行运用,以更好地应对风险,降低风险发生的概率或者减少风险事件发生后所造成的损失。创业的环境是复杂的,在创业的过程中,新创企业往往同时面对较多的风险冲击,这时就需要针对具体情况,采用不同的风险应对组合策略。创业者或初创企业要针对风险评估的结果和具体的评估环境,选择适合的风险应对方法,采用科学的风险应对组合策略。

复习与思考

1. 创业过程中可能出现哪些风险？
2. 新创企业如何对风险进行防范和控制？

模块四　企业社会责任

一、企业社会责任的内涵

企业社会责任（Corporate Social Responsibility，简称 CSR），是指企业在创造利润、对股东和员工承担法律责任的同时，还要承担对消费者、社区和环境的责任。企业的社会责任要求企业必须超越把利润作为唯一目标的传统理念，强调在生产过程中对人的价值的关注，强调对环境、消费者、社会的贡献。

二、企业社会责任的内容

（一）明礼诚信

企业具有确保产品货真价实的责任。由于种种原因造成的诚信缺失正在破坏着社会主义市场经济的正常运营，如部分企业不守信，造成假冒商品随时可见。很多企业因受商品造假的干扰和打假难度过大，导致经营难以为继，岌岌可危。为了维护市场秩序，保障人民群众的利益，企业必须承担起明礼诚信确保产品货真价实的社会责任。

（二）科学发展

企业的任务是发展和盈利，并担负着增加税收和促进国家经济发展的使命。企业必须承担起经济发展的责任，以发展为中心，以发展为前提，不断扩大企业规模，扩大纳税份额，完成纳税任务，为国家经济发展做出贡献。但是这个发展观必须是科学的，任何企业都不能只顾眼前、不顾长远，也不能只顾局部、不顾全局，更不能只顾自身、不顾友邻。

（三）可持续发展

中国是一个人均资源相对紧缺的国家，企业一定要站在全局立场上，坚持可持续发展，节约资源，改变经济增长方式，发展循环经济，调整产业结构。

（四）保护环境

随着全球经济发展，环境日益恶化，特别是大气、水、海洋的污染日益严重。野生动植物的生存面临危机，森林与矿产被过度开采，给人类的生存和发展带来了很大威胁，环境问题成了经济发展的瓶颈。为了人类的生存和经济的可持续发展，企业一定要担负起保护环境、维护自然和谐的重任。

(五)发展慈善事业

企业应主动参与社会慈善活动,通过捐赠资金、物资或提供技术服务等方式支持弱势群体,助力解决社会问题。例如,在自然灾害发生时及时向灾区提供紧急援助,或长期资助扶贫济困项目。同时,企业要积极融入社区发展,投资建设公共设施,支持教育、医疗、文化等民生领域发展,推动区域可持续发展。具体措施包括参与社区环境治理、开展职业技能培训等。

(六)保护员工健康

人力资源是社会的宝贵财富,也是企业发展的支撑力量。保障企业员工的生命、健康和确保员工的工作与收入待遇,不仅关系到企业的持续健康发展,而且关系到社会的发展与稳定。企业要遵纪守法,爱护员工,不断提高员工工资水平并保证按时发放。企业要多与员工沟通,多为员工着想。

(七)发展科技

首先,企业作为科技创新的主体,有责任推动技术进步,通过不断开发新技术、新产品,提高产品质量和性能,以在市场竞争中获得优势,同时也为产业升级和经济发展提供动力。其次,企业应注重科技伦理,在技术研发和应用过程中,充分考虑道德、法律和社会影响,确保技术发展有利于社会,保护个人数据隐私,避免科技滥用带来的负面影响。再者,企业有义务将自身科技资源转化为科普资源,向公众开放实验室、生产线等,开展科普活动,提升公众的科学素养,让公众了解科技如何改变生活、推动社会发展。另外,企业还需承担起培养科技人才的责任,通过提供培训机会、设立创新奖励等方式,激发员工的创新热情和积极性,为科技发展储备人才。

三、企业社会责任的具体体现

(一)企业对政府的责任

在现代社会,政府逐渐演变为社会化服务机构,扮演着为公民和各类社会组织服务和确保社会公正的角色。在这种制度框架下,要求企业扮演好社会公民的角色,自觉遵守政府有关的法律法规,合法经营,照章纳税,承担政府规定的其他责任和义务,并接受政府的监督和依法干预。

(二)企业对股东的责任

企业首要的责任是维护股东的利益,承担起代理人的角色,保证股东的利益最大化。保证股东的利益实际上是企业或企业家承担社会责任的基础,这是一个基本命题。虽然企业追求股东利益最大化并不能保证企业其他利益相关者的利益最大化,但是反过来,企业如果不追求股东利益最大化,其他利益相关者的利益就无法得到保证。也就是说,追求股东利益最大化是实现企业其他利益相关者利益的必要条件。

(三)企业对消费者的责任

企业是通过为消费者提供产品和服务而获取利润的组织。为消费者提供质优价廉、安全、舒适和耐用的商品,满足消费者的物质和精神需求是企业的天职。企业对消费者的责任集中体现在对消费者权益的维护上。按照《中华人民共和国消费者权益保护法》,消费者有安全的权利、知情的权利、自由选择的权利、公平交易的权利、依法获得赔偿的权利等。如果企业侵犯了消费者的权利,使消费者的利益受到损害,企业的行为就是不道德的。

企业对消费者最基本的责任是向消费者提供安全可靠的产品。消费者购买企业提供的产品是为了满足自己的物质和精神需求,但如果企业向消费者提供了有安全隐患的产品,不仅消费者的消费需求得不到满足,而且在未来还要付出人身伤害和财产损失的巨大代价,这一切企业负完全责任。

企业对消费者的第二个责任是尊重消费者的知情权和自由选择权,使消费者尽可能多地了解企业的产品,在公平交易的前提下自由地选择产品。消费者的知情权和自由选择权是密切相连的,只有全面的知情权才有自由的选择权。任何消费者在购买产品之前都有权通过产品的广告、宣传材料和产品说明书,对产品的可靠性、性能等进行全面了解,以便在琳琅满目的商品中选择称心如意的商品。企业如果在产品的广告、宣传材料和说明书中过分夸大产品的功效,对产品的不足之处极力隐瞒或只字不提,说明书、标签与内容严重不符,会造成交易不公正,侵犯了消费者的知情权和自由选择权,是企业不尊重消费者、对消费者严重不负责的表现。

(四)企业对员工的责任

首先,不歧视员工。现代企业的一个显著特征就是员工队伍的多元化。为了调动员工的积极性,企业要同等对待所有员工,不分三六九等。其次,定期或不定期培训员工。决定员工去留的一个关键因素就是员工能否在合适的工作岗位上做到人尽其才,才尽其用。而且在工作过程中,要根据实际需要,对员工进行培训。这样做既满足了员工自身的需要,也满足了企业发展的需要。因为通常情况下,经过培训的员工能胜任更具挑战性的工作。再次,营造良好的工作环境。工作环境的好坏直接影响到员工的身心健康和工作效率。企业不仅要为员工营造安全、关系融洽、压力适中的工作环境,而且要根据企业实际情况为员工配备必要的休闲设施。

(五)企业对环境的责任

生态环境与自然环境是人类赖以生存和发展的家园,是企业成长与发展的基本条件。新创企业应该承担起保护生态环境和建设生态文明的责任,节约使用各种有限资源,推动绿色发展、循环发展、低碳发展。应当加强环保及生态文明建设,减少对大气、水、土壤等的污染,实现经济社会的可持续发展。

(六)企业对社区的责任

社区是若干社会群体或社会组织聚集在某一个领域里所形成的一个生活上相互关联的大集体,是社会有机体最基本的内容,是宏观社会的缩影。社区应该包括一定数量的人口、一定范围的地域、一定规模的设施、一定特征的文化、一定类型的组织。新创企业应该积极参与社区活动,为社区提供就业岗位,保持社区清洁,为社区人民提供更好的生活环境。

复习与思考

1. 企业社会责任的内涵是什么?
2. 简述企业社会责任的内容。

第三部分

大学生就业政策与就业指导

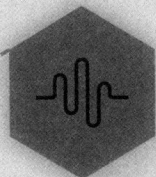

近年来,我国高校毕业生数量逐年增多,大学生面临的就业形势严峻,加上经济下行环境的影响,大学生就业面临前所未有的挑战。大学生在毕业后能否顺利就业,已成为全社会关注的热点问题。大学生就业难既有社会原因、政策原因,也有自身的原因。解决大学生就业难的问题事关大学生的切身利益,更关系到社会的和谐稳定,需要政府、企业、高校和大学生共同努力。

　　分析就业形势有助于大学生把握就业的整体趋势,了解就业政策有助于大学生了解当前形势下国家有关大学生就业的相关措施。大学生只有正确认识就业形势,熟悉当前的就业政策,才能更好地实现就业,才能在职业生涯中取得更大的成功。

　　大学生是就业市场上宝贵的人力资源,做好大学生就业指导工作,无论是对大学生来说,还是对社会来说,都有着重要的现实意义。

单元一　大学生就业形势与就业政策

学习目标

一、透彻剖析大学生就业形势,精准把握市场趋势与行业用人需求。

二、了解各类就业帮扶政策,善用政策助力求职之路。

单元导言

大学时代,既是学业精进、知识储备的重要阶段,也是开启职业道路的关键预备期。在当今时代,大学生就业形势复杂多变,既有机遇的曙光,也面临挑战的迷雾。一方面,科技飞速发展,新兴产业不断崛起,为大学生提供了多元化的就业选择;另一方面,高校毕业生数量持续攀升,就业竞争愈发激烈。在这样的大背景下,了解就业政策与就业流程显得尤为重要。本单元将带领大家深入分析大学生面临的就业形势,探寻其中的机遇与挑战;详细介绍就业帮扶政策与措施,为同学们的求职之路保驾护航。

模块一　大学生面临的就业形势

【案例导入】

计算机专业大四学生小李,在校园招聘期间向众多知名互联网企业投递了大量简历。然而,竞争的激烈程度超乎想象,同岗位的竞争者数量众多,其中不仅有本校同学,还有外校精英以及"海归"。以某大厂的招聘为例,一个岗位能收到上百份简历,录取率极低。

与此同时,行业技术的快速发展促使企业对人才的要求不断升级。除了扎实的编程基础,企业还要求求职者具备人工智能算法、大数据处理等方面的实际操作经验。小李虽然在学校学习过相关课程,但由于缺乏实际操作经验,在面试中明显处于劣势。

此外,在经济形势和市场竞争的双重影响下,互联网行业部分企业的扩张速度放缓,招聘规模也相应缩小。一些初创企业由于资金链紧张,甚至暂停了招聘计划。小李由此深切体会到当前大学生就业形势的严峻,意识到自己不仅需要提升专业技能,还需密切关注行业动态,拓宽就业视野,以寻求更多的就业机会。

一、大学生就业形势

近年来,随着全球及国内经济环境的变化,加上产业结构调整等多重因素的影响,大学生的身份从以前的"精英"转变为现在的"普通大众",就业形势发生了根本性变化。越来越多的大学毕业生涌入市场,他们不再是新时代的"宠儿",而是走进了弱肉强食的竞争时代。很多大学生毕业后待业家中,成了"啃老族";大部分找到工作的大学毕业生的工资可能仅够维持自己的生活。再加上我国正处于经济转型的机遇期和挑战期,很多行业的用工市场已经出现了"粥多僧少"的局面,大量大学毕业生"漂浮"于社会中,就业形势更加严峻。

当前大学毕业生就业形势严峻主要体现在以下几个方面。

(一)企业进校招聘明显萎缩,签约率大幅下降

从经济环境看,2025 年一季度 GDP 同比增长 5.4%的背后,是传统制造业、出口型企业受全球产业链重构冲击,招聘需求收缩,而人工智能、半导体等新兴行业虽人才缺口大,但更倾向于通过社会招聘或定向培养吸纳有经验的技术人才。据预计,2025 届大学毕业生的数量将达 1200 万,创历史新高,就业竞争更加激烈。

(二)预期薪酬明显下降

在日益严峻的就业形势下,昔日的"天之骄子"们显然在心理上已经完成了向普通劳动者的转变。调查显示,大学毕业生已经走出"要价"过高的误区,预期薪酬回归理性。麦可思发布的《2024 年中国本科生就业报告》《2024 年中国高职生就业报告》数据显示,2023 届本科、高职毕业生平均月收入分别为 6050 元、4683 元。从应届大学毕业生起薪分布来看,2023 届本科、高职毕业生毕业半年后平均月收入在 6000 元以下的比例分别为57.8%、81.7%,在 6000～8000 元的比例分别为 23.9%、12.1%,在 8000 元以上的比例分别为 18.3%、6.2%。其中,2023 届本科毕业生毕业半年后平均月收入达到 10000 元的比例仅为 7.0%。

(三)结构性矛盾突出

据调查,各专业大学生就业情况出现了明显的"冷热不均"现象。各高校均表示,以往的一些热门专业由于扩招导致供需比例失调,就业困难,由"热门"变"冷门",譬如土木工程专业。与此同时,传统制造业(如汽车、化工)岗位缩减,而人工智能、数字经济等新兴产业需求激增。例如,人工智能企业急需算法工程师,但高校培养人才相对滞后,导致"招工难"与"就业难"并存。

(四)专科、高职层次毕业生就业情况明显好于本科生

专科、高职毕业生对于薪酬的心理预期和职业层次的要求都相对较低,此外,很多专科、高职院校对学生的培养本来就定位为实用型"蓝领"人才,侧重于培养学生的专业技

能和动手能力,且这些院校多采取联合办学、"订单式"培养等方式,使学生的就业成功率大大提高。

(五)定位城市,不愿意去西部、下基层

相当比例的大学毕业生仍不愿前往西部省份或基层工作。问卷调查显示,77.2%的大学毕业生求职时优先考虑个人发展机会。尽管95.6%的大学毕业生表示赞成"大学生志愿服务西部计划"及政府出台的大学生到农村基层担任"村官"的相关政策,但仅有35.3%的学生表示愿意选择去西部或农村发展。数据还显示,45.6%的大学毕业生认为到西部或农村工作会限制个人未来的发展,35.3%的大学毕业生对相关配套优惠政策缺乏信心。

(六)"考研热""考公热"

"考研热"与"考公热",本质上是社会转型期个体对未来不确定性的集体应对策略。从经济层面看,就业市场的结构性矛盾加剧了学历内卷与职业焦虑:2025年大学毕业生规模达1200万人,而互联网、金融等行业受经济周期影响招聘需求波动明显,促使更多人选择考研以延缓就业压力或提升竞争力,或转向公务员岗位寻求"铁饭碗"保障。

社会文化因素进一步强化了这一趋势。公务员职业的"稳定神话"在传统观念中根深蒂固,其薪资待遇、福利保障及社会认可度在经济波动的大环境中凸显出优势。政策导向则起到推波助澜的作用:国家推动基层治理现代化与乡村振兴战略,新增大量公务员岗位并提高待遇,同时研究生扩招政策导致学术型人才供给过剩,客观上促使人才流向公共服务领域。

值得注意的是,这两种热潮的交织折射出教育与就业的深层矛盾。考研人数连续两年下降(2025年降至388万)与考公人数激增(国考报名人数达325万)的对比,既反映了青年群体对"学历镀金"的反思,也揭示了就业市场对实用技能与经验的重视。这种转变不仅倒逼高校优化人才培养模式,也要求政府进一步拓宽就业渠道,为大学生提供多元化的发展路径。

二、大学生就业难的原因分析

(一)外部原因

1. 就业的结构发生变化

随着我国工业化进程和经济结构调整速度的加快,社会层面整体的就业结构也发生了巨大的变化,而且日益呈多元化趋势,包括产业结构变化、非农产业与农业比重发生变化等。这些变化导致传统的生产部门科技含量大幅度增加,效率大幅度提高,需要的从业人员数量下降。目前,我国正以工业化带动信息化,以信息化促进工业化,工业化迅速发展,各种机器人逐渐取代传统的人工劳动,生产行业的用工需求会持续减少。

2. 用人单位要求较高,设置各种障碍

随着高校扩招,我国每年的大学毕业生数量不断增加,用人单位可选择的余地越来越大,用人单位在招聘过程中常常会故意给刚刚毕业的大学生设置各种障碍。首先,工作经验。很多企业要求有同类工作2～3年的工作经验,而对于应届毕业生来说,这根本无法实现。有些行业甚至直接不接收应届毕业生。其次,生理条件是应聘大学毕业生永远无法改变的,如性别、身高、相貌等。在这方面女生的境遇比男生更为惨淡,许多用人单位可能会有意或无意地制造性别差异,从而给大学毕业生的就业带来巨大的生理和心理障碍。最后,学历和专业方面。很多用人单位根本不考虑求职者的个人能力、专业知识掌握情况,也不考虑求职者的发展潜力,而是过分在意求职者的学历和毕业学校的名气。

3. 高校专业设置不合理

很多高校在自身发展过程中没有合理规划,办学观念落后,人才培养模式、专业设置及结构与市场需求严重脱节,造成了学生所学专业不符合市场需求的现象,导致了供需的结构性矛盾。还有的高校盲目跟风上市场上比较火的专业,不考虑自身的师资情况,导致培养的毕业生在专业能力方面远远达不到市场的要求。

4. 部分高校对学生就业指导工作重视程度不够

部分高校对学生就业指导工作重视程度不够,就业指导工作缺乏系统性和科学性,就业指导力度不够。甚至有的高校在学生毕业前才进行就业指导,而且仅仅当作职业介绍的一种形式,导致就业指导脱离实际。

(二)大学生自身的原因

1. 一些大学生对职业的期望过高

虽然当前我国的高等教育已经从精英教育转向大众化教育,但不少大学生仍然抱有"天之骄子"的优越感,认为读大学理所应当有好工作。但是近年来我国高校不断扩招,大学生已不再是计划经济下的"稀有产物",而是市场经济下的普遍人群。很多大学生在错误的就业观念指导下,在工作地域的选择方面仍然偏向大中城市,对预期收入也抱有很高的期望值,根本没有考虑到现在社会的残酷现实。

2. 盲目追求某些固定的职业

近年来,公务员、律师、医生等职业非常热门,被很多大学生追捧。例如,报考公务员已经成为当下许多大学生就业的首要选择,尽管成功的机会渺茫,但仍不能打消广大大学生对公务员职业的高涨热情。有的考生一年没考上,可能会用两年、三年甚至更长的时间来考公务员,浪费了大量的时间与精力。

3. 过分看重专业对口

找对口工作仿佛是大学生就业一个不成文的规定。大学四年寒窗苦读自己的专业,

如果毕业没有对口的工作,对绝大多数大学生来说是不能接受的。有的大学生认为,如果离开大学四年苦修的专业而去做一份陌生的工作就会觉得力不从心,还会缺乏自信。这样便会使一些大学生忽略自己其他方面的能力,大大降低大学生的就业率。

4. 综合能力素质不高

许多大学生在大学四年里只是学会了一些理论知识,而不懂得如何应用,缺乏实际动手能力。另外,一些大学生不注重培养诸如沟通能力、领导能力、团队协作能力等,成为只是有知识却不能很好地融入工作的"机器"。

三、解决大学生就业问题的对策

(一)高校方面

高校要改革培养模式,加强对学生实践能力的培养。随着社会的不断进步、科学技术的飞速发展和知识经济向更广阔领域延伸,高校必须更紧密地联系社会,变革育人机制。高校在抓好学生理论学习的同时,要不断提高学生的综合能力和个人素质,提高学生的创新能力、实践能力、适应社会的能力和创业能力。当前,高等教育工作重点已经由完全的精英教育向普及的大众化教育转变,大学生就业状况也势必随之发生根本性变化,"千军万马过独木桥"的现象已经一去不复返,越来越多的人可以享受高等教育。大学毕业生必须放下姿态,实现与社会需求的完全对接,因为二者的关系已经由"供不应求"转为"供大于求",就业趋向于理性化、自由化和市场化。在面对同一个岗位的激烈竞争中,不同层次、同一专业的大学毕业生要想在竞争中拔得头筹,所在院校的教学质量和办学特色将成为他们竞聘成功最有力的工具。

(二)大学生自身方面

大学毕业生应注重职业素质的培养与形成。作为职业化的社会群体,企业只有集合具备必要素质的人员并加以职业化训练,才能达到生存与发展的目的。而作为个人,大学毕业生只有在就业的过程中不断地提高和完善自己的职业素质,才能获取稳固的生活保障和较为优越的生活条件,进而在精神上得到升华。职业素质包括职业道德、职业礼仪、职业知识、职业技巧等。在自主择业过程中,大学毕业生的职业素质正逐步成为择业的关键。所以,对于大学生而言,在日常学习生活中要有意识地培养自己的职业素质,以为成功就业增加砝码。

复习与思考

1. 简述当前大学毕业生面临的就业形势。

2. 结合小李的案例,思考大学生在校期间如何提升自己的就业竞争力。

模块二　就业政策及其分类

【案例导入】

　　金融专业的小张毕业于普通高校,在求职银行的过程中屡屡受挫。尽管他专业知识扎实,但由于缺乏实践经验与人脉资源,多次在面试环节失利。后来,他了解到当地有就业帮扶政策,并报名参加了银行见习计划。见习期间,小张不仅获得了专业培训,积累了实际操作经验,还享受了政府发放的生活补贴。凭借优异的表现,见习结束后,他被某银行优先录用。

一、就业政策的定义

　　就业政策是指党和政府在一定的历史条件和历史阶段为促进经济发展和社会进步,为劳动者创造就业机会、扩大就业渠道而制定的行为准则。而大学生就业政策是国家就业政策的重要组成部分,是专门针对大学生就业工作而制定的、规范相关部门行为、为大学生创造就业机会、规范就业服务的一系列制度、规则及法规的总称。

二、就业政策的分类

　　根据我国的国情,目前主要有以下几种类型的大学生就业政策。

(一)就业市场政策

　　毕业生就业市场是在国家有关方针政策的指导下,运用市场机制和必要的宏观调控手段,通过双向选择、自主择业等途径,优化毕业生人力资源配置的一种方式,是利用市场规律调节大学毕业生人才供求的一种机制。它由毕业生、用人单位及其服务机构、交流洽谈场所、社会保障制度等组成。正是由于它的重要性,国家出台了一系列政策法规来维护和支持大学毕业生就业市场。

　　就业市场政策从性质上一般可以分成三个层次:①全国人大制定的法律法规和国务院根据法律制定的一些规定,重要的有《中华人民共和国劳动法》《中华人民共和国劳动合同法》《人力资源市场暂行条例》等。②国务院各部委在遵守法律的框架下制定的部门规章、重要通知等,如《关于进一步深化普通高等学校毕业生就业制度改革有关问题的意见》等。③各地区出台的地方性政策规定,如《上海市劳动合同条例》《上海市人才中介服务机构管理办法》等。

(二)就业准入政策

　　就业准入政策指大学生获准进入某些地区、行业就业的相关政策规定,它包含了以下两类:①地区政策,一些地区根据本地区的情况出台的一些具体政策。②职业方面的就业准入,即根据《中华人民共和国劳动法》和《中华人民共和国职业教育法》的有关规定,对从事技术复杂,通用性广,涉及国家财产、人民生命安全和消费者利益的职业(或岗位)的劳动者,必须经过培训,并取得职业资格证书后,方可就业上岗。实行就业准入的职业范围由人力资源和社会保障部确定并发布。

(三)派遣接收政策

派遣接收政策是指国家所制定的一系列关于大学毕业生到就业单位报到的原则。调配派遣对象为:国家计划招收的普通高等学校毕业生以及国家计划招收的为地方培养的军队院校毕业生;地方主管毕业生调配部门和高等院校按照国家下达的就业计划派遣的毕业生。高校根据毕业生就业计划、协议,结合毕业生的具体情况,拟订毕业生派遣方案,经上级部门批准后实施。

(四)毕业生权益维护政策

毕业生权益维护政策指针对大学毕业生和就业单位权利维护的一系列原则、规范。根据目前的有关规定,毕业生主要享有就业信息获取权、接受就业指导权、被推荐权、选择单位权、公平待遇权、违约及求偿权等。

(五)大学生创业扶持政策

1. 税收优惠

持人社部门核发"就业创业证"(注明"毕业年度内自主创业税收政策")的大学毕业生在毕业年度内(指毕业所在自然年,即 1 月 1 日至 12 月 31 日)自办理个体工商户登记当月起,3 年内按每户每年 12000 元为限额依次扣减其当年实际应缴纳的增值税、城市维护建设税、教育费附加、地方教育附加和个人所得税。对大学毕业生创办的小型微利企业,按国家规定享受相关税收支持政策。

2. 创业担保贷款和贴息

符合条件的大学毕业生若自主创业,可在创业地按规定申请创业担保贷款,贷款额度为 10 万元。鼓励金融机构参照贷款基础利率,结合风险分担情况,合理确定贷款利率水平。

3. 免收有关行政事业性收费

毕业两年以内的普通高校学生从事个体经营(除国家限制的行业外)的,自其在工商部门首次注册登记之日起 3 年内,免收管理类、登记类和证照类等有关行政事业性收费。

4. 享受培训补贴

对大学生创办的小微企业新招用毕业年度大学毕业生,签订 1 年以上劳动合同并缴纳社会保险费的,给予 1 年社会保险补贴。对大学生在毕业学年(即从毕业前一年 7 月 1 日起的 12 个月)内参加创业培训的,根据其获得创业培训合格证书或就业、创业情况,按规定给予培训补贴。

5. 免费提供创业服务

有创业意愿的大学生,可免费获得公共就业和人才服务机构提供的创业指导服务,包括政策咨询、信息服务、项目开发、风险评估、开业指导、融资服务、跟踪扶持等"一条龙"创业服务。

6. 取消大学毕业生落户限制

大学毕业生可在创业地办理落户手续(直辖市按有关规定执行)。

7. 创新人才培养

创业大学生可享受各地各高校实施的系列"卓越计划"、科教结合协同育人行动计划等,同时享受跨学科专业开设的交叉课程、创新创业教育实验班等,以及探索建立的跨院系、跨学科、跨专业交叉培养创新创业人才的新机制。

8. 强化创新创业实践

自主创业大学生可共享学校面向全体学生开放的大学科技园、创业园、创业孵化基地、教育部工程研究中心、各类实验室、教学仪器设备等科技创新资源和实验教学平台;参加全国大学生创新创业大赛、全国高职院校技能大赛和各类科技创新、创意设计、创业计划等专题竞赛,以及高校学生成立的创新创业协会、创业俱乐部等社团,提升创新创业实践能力。

(六)大学生社会保障政策

如积极组织实施"毕业生职业资格培训工程"和多种形式的创业培训,为大学毕业生自主创业创造条件;加强失业登记和组织管理,对未就业和生活困难的大学毕业生,在失业、求职期间给予生活和就业方面的帮助;加强劳动力市场的管理,为大学毕业生就业创造良好的环境等。

(七)宏观调控政策

宏观调控政策是政府为了促进人才结构的平衡而出台的一系列关于大学生到基层、到中小城市企业、到农村、到西部等地区就业的鼓励性措施,如《关于引导和鼓励高校毕业生面向基层就业的意见》。在促进非公有制单位和中小企业接受大学毕业生、鼓励和支持大学毕业生自主创业和灵活就业方面也有相应的政策规定。

(八)特殊就业政策

1. 特岗教师计划

特岗教师计划是"农村义务教育阶段学校特设教师岗位"计划的简称,是中央实施的一项对中西部地区农村义务教育的特殊政策,从 2006 年开始实施。2013 年 5 月,国家又出台新的通知,对其进行规范。主要实施范围为《中国农村扶贫开发纲要(2011—2020)》

确定的 11 个集中连片特殊困难地区和中西部地区国家扶贫开发工作重点县、西部地区原"两基"攻坚县、纳入西部大开发计划的部分中部省份的少数民族自治州以及西部地区的一些有特殊困难的边境县、少数民族自治县、少数民族县等。纳入特岗计划的,必须是教师总体缺编、结构性矛盾突出的县(市),且特岗实施期内不得再以其他方式补充新教师。

2. 大学生志愿服务西部计划

根据国务院常务会议精神,团中央、教育部、财政部、人力资源和社会保障部共同组织实施大学生志愿服务西部计划。从 2003 年开始,按照公开招募、自愿报名、组织选拔、集中派遣的方式,每年招聘一定数量的普通高校应届毕业生,到西部贫困县一级的乡镇从事为期 1～2 年的教育、卫生、农技、扶贫及区域化推进农村共青团工作、全国农村党员干部现代远程教育试点工作以及基层检察院、基层人民法院、基层司法援助、西部农村平安建设等方面的志愿服务工作。志愿者服务期满后,鼓励其扎根基层,或者自主择业和流动就业,并在其升学、就业方面给予一定的政策支持。

3. "三支一扶"计划

"三支一扶"计划从 2006 年开始启动,每五年为一轮,每年选派一定数量的大学毕业生到农村基层从事支农、支教、支医和帮扶乡村振兴工作。其招募对象主要是全国普通高校应届毕业生,按照公开、平等、竞争、择优的原则进行选拔。"三支一扶"人员在岗期间享受工作生活补贴、社会保险、一次性安家费等待遇。服务期满后,在公务员定向考录、事业单位专项招聘、考评加分等方面享有优惠政策。该计划既为大学毕业生向基层单位落实就业提供了具体的指导和保障,也为新农村建设注入了新的活力。

4. 选聘大学生"村官"政策

2008 年 4 月由中共中央组织部、教育部、财政部、人力资源和社会保障部联合下发的《关于选聘高校毕业生到村任职工作的意见(试行)》对选聘大学生"村官"政策做出了具体规定。选聘对象为 30 岁以下应届和往届毕业的全日制普通高校专科以上学历的毕业生,重点是应届毕业和毕业 1～2 年的本科生、研究生,原则上为中共党员(含预备党员),非中共党员的优秀团干部、优秀学生干部也可以选聘。

5. 应征入伍政策

征集对象为中央部门和地方所属全日制公办普通高等学校、民办普通高等学校和独立学院的应届全日制普通本专科(含高职)毕业生、毕业研究生、第二学士学位毕业生。不包括往届毕业生及成人教育、高等教育自学考试、各类非学历教育、培训类学生。征集的高校应届毕业生以男性为主,女性应届毕业生征集根据军队需要确定。男性普通高校在校生年龄要求为 17～22 岁,大学毕业生可放宽到 24 岁;女性普通高校在校生为 17～22 周岁。

6. 报考公务员政策

按照党的十七届四中全会精神,公务员的考录政策进一步向基层倾斜,加大了从基层和生产一线考录公务员的力度,共采取了以下四方面的措施。

(1)中央机关、省级以上直属机构录用公务员的计划中应该有70%以上招录具有两年工作经验的人员。

(2)部委应该拿出一定的指标专门面向西部计划志愿者、大学生"村官"等进行报考。

(3)县级以下基层岗位主要面向高校应届毕业生招考。一方面,加强基层公务员队伍建设,引导大学毕业生到基层就业;另一方面,将这项工作作为上级党政机关人才的蓄水池和培养基地。

(4)关于基层工作经历,主要界定为在县级以下党政机关、国有企事业单位、社区农村、军队团以下岗位的工作经历。对在地市级以下党政机关工作的人员报考中央机关也可视为具有基层工作经历。

复习与思考

1. 什么是就业政策?
2. 简述就业政策的分类。

单元二　正确开启职业生涯规划

📖 **学习目标**

一、深入理解职业生涯的概念、特征与分类。

二、了解职业生涯规划理论，能够运用科学手段精准定位自己的职业方向并设定合理目标。

三、掌握职业生涯规划的基本步骤。

📖 **单元导言**

大学是大学生职业旅程的起点站，而职业生涯规划则是其绘制未来蓝图的关键画笔。在这一充满机遇与挑战的时代，一份清晰、科学的职业生涯规划犹如航海图之于船只，能引领大学生在茫茫职业海洋中顺利前行。

本单元首先阐述了职业生涯的基本概念、特征和分类，让大家明白为什么职业生涯规划对个人职业发展具有举足轻重的作用。然后详细介绍了职业生涯规划的相关理论，助力大家挖掘自身潜力、洞察职场环境，从而找准职业定位。最后，解析制订职业生涯规划的具体步骤，助力同学们明晰自己的职业发展路线图，实现从校园到职场的华丽转身，拥抱理想职业人生。

模块一　职业生涯规划概述

【案例导入】

美国哈佛大学曾对一群年轻人进行过长达 25 年的跟踪调查，研究人生规划对个体发展的影响。调查结果显示：87％的调查对象缺乏明确规划或完全没有规划，10％的人制订了清晰的短期人生规划，仅有 3％的人确立了明确且长远的人生目标。

25 年后的追踪数据显示：3％的长期规划者在整个研究期间始终为既定目标与信念而持续努力，最终成长为各领域的顶尖人才，其中包括白手起家的企业家、行业领军人物及社会精英群体。大多数短期规划者跻身社会中上层，通过逐步实现阶段性目标,生活品质持续提升,成为律师、工程师、医生、企业高管等专业领域骨干。87%的未明确规划群体中,多数人处于社会中下层,维持着稳定的工作、生活但缺乏突出成就;而其中完全无目标群体普遍处于社会底层,生活状况窘迫,晚年常面临经济困境。

调查团队据此得出核心结论:人生目标具有显著的导向效应。成功,在年轻时仅仅是一种选择,你选择了什么样的人生规划,就会有什么样的人生。

一、生涯与职业生涯的含义

关于"生涯"一词,人们的解释和理解颇多,《现代汉语词典》(第7版)是这样解释的:指从事某种活动或职业的生活。

学者们对"生涯"(career)一词的含义从广义和狭义两个层面进行了界定,广义的"生涯"指发生在人一生之中所有的生活基本要素,是一个人终其一生所扮演角色的整个过程;而狭义的"生涯"则指职业生涯。那么,什么是职业生涯呢?

沙特列提出了早期的职业生涯概念:职业生涯指一个人在工作生活中所经历的职业或职位的总称。韦伯斯特指出,职业生涯是个人一生职业、社会与人际关系的总称,即个人终身发展的历程。舒伯综合了许多学者的观点,指出:职业生涯是指一个人终生经历的所有职位的整体历程,是生活中多种事件的演进方向和历程,是个人独特的自我发展形态。他认为,生涯是生活里各种事件的方向,它统合了个人一生中各种职业和生涯的角色,由此表现出个人独特的自我发展形态;它也是人生从青春到退休所有有酬或无酬职业的总和,除了职位之外还包括与工作有关的各种角色。

由此可见,职业生涯指一个人一生的职业经历。职业经历包括职位、工作经验和职务,受到个人价值、需求和情感的影响。职业生涯的概念由三个层面构成。①时间:个人的年龄或生命的时程,又可分为成长、试探、建立、维持等时期。②广度和范围:每个人一生中所扮演的各种不同的角色,如小孩、学生、公民、家长、工作者、领导者。③深度:个人投入的程度。

对于职业生涯,需要说明以下几点。

(1)职业生涯不仅是职业活动,而且包括与职业有关的行为和态度等内容。

(2)职业生涯是一个动态过程,是一个人一生在职业岗位上所度过、与工作活动相关的连续经历,不论职位高低,不论成功与否,每个工作着的人都有自己的职业生涯。

(3)职业生涯是人的最大的生涯,职业生涯对人的影响也是最大的。

二、职业生涯的特征

从总体上看,职业生涯具备以下特点。

(一)终身性

职业生涯是一个动态发展的过程,每个人在不同阶段有着不同的追求,在每个阶段有不同的职业生涯规划并积极去实施,这是一个终身的活动。即使是在晚年,个人也会不同程度地扮演好自己的角色,发挥余热。"老骥伏枥,志在千里",正是人生晚年对职业生涯追求的写照。

(二)独特性

每个个体都是独特的,具有不同的特点,在职业条件、职业理想、职业选择等方面的不同,加上每个人为实现自己的职业理想所做的种种努力的不同,构成了人与人相区别、独特的职业生涯历程。

(三)发展性

职业生涯是一个发展、演进的动态过程,从整体来看,每个人的职业生涯都具有一定的逻辑性。在个人与他人、个人与环境、个人与社会的互动中,每个人根据自己获得的社会职业信息、技术做出与该阶段相符的职业生涯规划。这个发展的过程涵盖了一个人一生的各个层面。

(四)综合性

职业生涯以个人事业角色的发展为主轴,也包括了其他与工作有关的角色。职业生涯并不是个人在某一时段所拥有的职位、角色,而是个人在他一生中所有职位、角色的总和。这个总和不局限于个人的职业角色,也包括学生、子女、父母、公民等涵盖人生整体发展的各个层面的各种角色。

三、职业生涯的分类

职业生涯按照不同的发展方向,可以分为外职业生涯和内职业生涯;按照时代不同,可分为传统职业生涯和现代职业生涯。

(一)按照不同的发展方向,可以分为外职业生涯和内职业生涯

(1)外职业生涯是指从事的职业,即工作单位、地点、内容、职务、环境、待遇等因素的组合及其变化过程。

(2)内职业生涯是指从事一项职业所需具备的知识、心理素质、能力、内心感受等因素的组合及其变化过程。这些因素不是靠他人赐予的,而是靠自己努力去争取获得和掌握的。

(二)按照时代不同,可以分为传统职业生涯和现代职业生涯

(1)传统职业生涯。传统职业生涯属于一种传统的终身雇用制度,指一个人的全部职业生涯,包括从进入职场到退休都处在同一个组织的边界内,受雇于同一雇主。传统职业生涯表现出严格的等级晋升过程,职业生涯流动的模式基本上就是个人在同一行业和职业中学习和成长,经过时间和经验的积累,呈现出由一个阶段向另一个阶段的直线性晋升的过程。员工与组织之间建立起一种忠诚的心理契约,员工以对企业的忠诚换取

长期或终身的就业保障。组织对员工的技能要求只是单一的特殊技能,员工不需要面临激烈的就业竞争和频繁的工作变换。

(2)现代职业生涯。在20世纪80年代,劳动者要15~20年才会有一次工作变动;随后缩短为每隔10年劳动者会有一次工作变动;到20世纪90年代,缩短到每隔5年劳动者会有一次工作变动。人们将这种新型的职业生涯模式称为"无边界职业生涯"。通常所说的现代职业生涯就是指无边界职业生涯。

无边界职业生涯最早由亚瑟于1994年提出。亚瑟将无边界职业生涯定义为超越单个就业环境边界的一系列就业机会。无边界职业生涯最突出的特点就是跨越了组织边界,雇员的职业生涯不再局限在一个组织当中,而是在两个或多个组织中完成;组织不再愿意也很难为员工提供终身或长期的就业保障。员工主动或被迫地频繁流动,使得传统的建立在忠诚观念基础上的心理契约逐渐被以就业能力为基础的心理契约所取代;同时,传统的组织等级制度和晋升标准被打破,谁有学习能力、适应能力,谁就能处于职业生涯发展的主动地位。

四、好的职业生涯规划的必备条件

职业生涯规划的目的绝不仅是帮助个人按照自己的资历条件找到一份合适的工作,实现个人职业目标,更重要的是帮助个人真正了解自己,为自己定下事业大计,筹划未来,拟订一生的发展方向,根据主客观条件设计出合理且可行的职业生涯发展方向。

因此,好的职业生涯规划应具有以下特征。

(1)可行性。规划要以事实为依据,密切结合社会和自身实际,切忌以幻想代替规划。

(2)明确性。规划是对未来目标的确定。因此,在确定目标时,必须明确一些关键问题,比如,你是什么样的人(包括个人的兴趣爱好、性格倾向、身体状况、教育背景、专长、过往经历和思维能力等),你想要什么(包括职业目标、收入目标、学习目标、名望期望和成就感等),你能做什么,你具有哪些职业竞争能力,什么职业是最适合你的,你能够选择哪些职业等。

(3)持续性。规划设计的每一个阶段都应该保持连贯、衔接,并具有发展性。

(4)动态性。职业生涯规划是动态的。内外环境的变迁、个人条件的变化等都会对职业生涯规划产生影响。因此,职业生涯规划需要根据这些变化不断进行评估和调整。同时,规划本身也应有弹性,留有余地。

复习与思考

1. 什么是职业生涯?

2. 按照不同的标准,职业生涯可分为哪几类?

3. 好的职业生涯规划应具备哪些条件?

模块二　职业生涯规划理论

【案例导入】

　　李平是某高职学院会计专业的毕业生。在校期间，他学习刻苦，成绩优秀，毕业后被一家合资公司录用，成为一名文员。李平有一个当翻译的梦想，因此他一直坚持学习日语，对学习和工作都不放松。因为在工作中表现突出加上会日语，李平被公司派到日本学习技术。他暗下决心，一定要利用这次难得的机会好好学习日语，提高自己的日语水平。在日本期间，他有意识地抓住每一个锻炼的机会，日语水平提高很快。他不仅有较高的日语水平，还有专业知识，因此后来在公司竞聘日语翻译时受到评审人员的一致好评，获得了这个职位。李平不仅实现了自己的职业理想，也实现了由文员到公司首席翻译的职业飞跃。

　　结合这个案例，请同学们深入思考：李平为什么能坚持学习日语？职业理想在职业生涯发展中有什么作用？

　　西方学者基于不同视角提出了多种职业生涯规划理论。本部分主要介绍了职业选择理论、职业生涯发展阶段理论、职业周期理论和职业锚理论，有助于同学们更好地了解自我，为选择真正适合自己的职业做准备。

一、职业选择理论

(一)帕森斯的特质—因素论

　　特质—因素论最早由美国波士顿大学的帕森斯教授于 1909 年在其《选择一份职业》一书中提出，后经美国职业指导专家威廉森等人进一步发展完善。该理论的核心是强调个人的特质与职业选择的匹配关系(人职匹配)。

　　帕森斯提出了职业选择的三大步骤。

　　第一步，评价求职者的生理和心理特点(特质)，即通过心理测量及其他测评手段，获得有关求职者的身体状况、能力倾向、兴趣爱好、气质与性格等方面的个人资料，并通过会谈、调查等方法获得有关求职者的家庭背景、学业成绩、工作经历等情况，对这些资料进行评价。

　　第二步，分析各种职业对人的要求(因素)，并向求职者提供有关的职业信息：①职业的性质、工资待遇、工作条件以及晋升的可能性。②求职的最低条件，如学历要求、所需的专业训练、身体要求、年龄要求、各种能力要求以及心理特点等要求。③为准备就业而设置的教育课程计划以及提供这些课程的教育机构、学习年限、入学资格和费用等。④就业机会。

第三步，人职匹配。指导人员在了解求职者的特质和职业的各项指标的基础上，帮助求职者进行比较分析，以便选择一种既适合其个人特点又有可能使其取得成功的职业。

帕森斯强调，在做出职业选择之前，首先要评估个人的能力，因为个人选择职业的关键就在于个人的特质与特定行业的要求是否匹配；其次要进行职业调查，强调对工作进行分析，包括研究工作情形、参观工作场所、与工作人员进行交谈；最后要以人职匹配作为职业指导的最终目标。

在帕森斯职业选择三步骤的基础上，威廉森将其进一步发展完善。他以个性心理学和差异心理学为基础，设定每个人都具有的独特的能力模式和人格特性，而某种能力模式和人格特性又与某种特定职业存在着相关性。基于此，特质—因素论形成了著名的职业选择三原则：了解个人特质、分析职业环境、综合各种因素并进行匹配。

(二)霍兰德的职业选择理论

20世纪五六十年代，美国职业指导专家霍兰德结合当时的人格心理学概念，从个体特质维度提出了职业选择理论。霍兰德认为，职业选择是个人人格在工作世界的表露和延伸，即人们在工作选择和经验中表达出自己的个人兴趣和价值。某一类型的职业通常会吸引具有相同人格特质的人，而具有相同人格特质的人对许多生活事件的反应模式也是基本相似的，他们创造了具有某一特色的生活环境(包括工作环境)。在同等条件下，人和环境的适配性或一致性将会增加个体的工作满意度、职业稳定性和职业成就感。

霍兰德认为职业与择业者人格类型越相近，两者的适配程度就越高。霍兰德根据择业者的人格特点和择业兴趣将择业者分为六种类型：现实型(R)、研究型(I)、艺术型(A)、社会型(S)、传统型(C)和企业型(E)。

(1)实用型(Realistic)，又称技术型。具有此类倾向的个体，身体机能及机械协调能力较强，对机械与物体比较关心。稳健、务实，喜欢从事规则明确的活动及技术性工作，甚至热衷于亲自动手创造新事物。不善言谈，对于人际交往及管理监督等活动不太感兴趣。适合的职业有需掌握熟练技能方面的职业、动植物管理方面的职业、机械管理方面的职业、生产技术方面的职业、手工工艺技能方面的职业、机械装置与运转方面的职业等。

(2)研究型(Investigative)，又称调查型。具有此类倾向的个体，喜欢理论思维或偏爱数理统计工作，对于解决抽象性问题具有极大的热情。他们通常倾向于通过思考、分析解决难题，而不一定会落实到具体操作上。他们喜欢具有创造性、挑战性的工作，不太喜欢固定程序式的任务。对于领导管理工作和人际交往也非情愿，独立性倾向明显。适合的职业有分析员、设计师、生物学家等。

(3)艺术型(Artistic)。具有此类倾向的个体，对具有创造、想象及自我表现空间的工作显示出明显偏好。他们和研究型个体的相同之处在于创造性倾向明显,对于结构化程度较高的任务及环境都不太喜欢,对于机械及程式化的工作毫无兴趣。他们比较喜欢独立行事,不太合群。但两者所不同的是艺术型个体好自我表现,重视自己的感性,直觉力较好,情绪变化较大。适合的职业有工艺、舞蹈、戏剧等。

(4)社会型(Social)。具有此类倾向的个体,喜欢以人为对象的工作。他们的言语能力通常优于数理能力,善于言谈,乐于与人相处,给人提供帮助,具有人道主义倾向,责任心也较强,习惯通过与人商讨或调整人际关系来解决面临的问题,不太喜欢以机械和物品为对象的工作。适合从事咨询、培训、辅导、劝说类工作,如学校教育、社会教育、社会福利事业、医疗与保健、商品营销以及各种直接为人民服务的职业。

(5)传统型(Conventional),又称事务型。具有此类倾向的个体,喜欢高度有序、要求明晰的工作,对于规则模糊、自由度大的工作不太适应;不太喜欢主动决策、习惯于服从,一般较为忠诚、可靠,偏保守;在与人的交往中会保持一定的距离;工作仔细、有毅力;对社会地位、社会评价比较在意,通常愿意在大型机构做一般性工作。适合的职业有银行职员、图书管理员、会计、出纳、统计人员、计算机操作人员和办公室职员等。

(6)企业型(Enterprising),又称经营型。具有此类倾向的个体,喜欢制订新的工作计划、事业规划及设立新的组织,并积极地发挥组织的作用;喜欢影响、管理、领导他人;自信,具有支配欲,冒险性强。他们不喜欢具体、精细或需长时间集中心智的工作。对应的职业有管理人员、销售人员等。

二、职业生涯发展阶段理论

(一)金斯伯格的职业生涯发展阶段理论

美国著名职业指导专家金斯伯格,对职业生涯的发展进行过长期研究并对实践产生过广泛影响。1951 年,金斯伯格出版《职业选择》一书,对职业决策进行了论述。他将职业生涯发展分为幻想期、尝试期、现实期三个阶段,认为职业生涯在个人生活中是一个连续、长期的发展过程。

1. 有关职业决策

(1)职业决策是一连串过程。职业选择决策是一种发展过程,它不是一个某一时刻就完成的"决定",而是基于人们长期以来形成的观念。职业决策过程包含一连串的决定,每一个决定都与童年、青年时期个人的经验和身心发展有关。

(2)职业选择时优化决策。职业选择是个人意识与外界条件的折中。个人最终做出的决定是个人所喜爱的职业与社会所提供的机会之间的最佳结合。

2. 有关职业生涯发展阶段

(1)幻想期。主要指 11 岁之前的儿童时期。儿童对大千世界,特别是对他们所看到或接触到的各类职业工作者充满了新奇。此阶段的职业需求的特点是:单纯凭自己的兴趣爱好,不考虑自身的条件、能力水平、社会需要与机遇,完全处于幻想之中。

(2)尝试期。即 11~17 岁,这是由少年儿童向青年过渡的时期。此时,人的心理和生理在迅速成长发育和变化,有独立的意识,价值观念开始形成,知识和能力显著增长,初步懂得社会生产和生活的经验。在职业需求上呈现出的特点是:有职业兴趣,但不仅限于此,更多地开始客观地审视自身各方面的条件和能力;开始注意职业角色的社会地位、社会意义以及社会对该职业的需要。

(3)现实期。即 17 岁以后。此阶段,青年人即将步入社会,能够客观地把自己的职业愿望或要求,同自己的主观条件、能力以及社会现实的职业需要紧密联系和协调起来,寻找适合自己的职业角色。他们所希求的职业不再模糊不清,而是有具体的、现实的职业目标,表现出的最大特点是客观性、现实性。

金斯伯格的职业生涯发展阶段理论展现了就业前人们的职业意识或职业追求的变化发展过程。

(二)舒伯的职业生涯发展理论

美国职业管理学家舒伯根据布尔赫勒的生命周期和列文基斯特的发展阶段论,提出了职业生涯发展理论。舒伯认为职业发展是一个连续的、有序的、动态的过程。他从人的终身发展的角度出发,把人的生涯发展分为成长、探索、建立、维持和衰退五个阶段(表3-1)。

表 3-1 舒伯提出的生涯发展阶段

阶段	年龄	主要任务	包含的各个时期及其特征	
成长阶段	0~14 岁	建立和形成自我观念;由幻想和好奇逐步发展为注意、兴趣和能力	幻想期(0~10 岁)	因需要而幻想
			兴趣期(11~12 岁)	因喜欢而产生兴趣
			能力期(13~14 岁)	初步考虑工作条件,能力因素作用大
探索阶段	15~24 岁	思考兴趣、能力价值观和就业机会;寻求职业,实现自我	暂定期(15~17 岁)	进行暂时选择
			过渡期(18~21 岁)	接受培训开始正式选择
			试行期(22~24 岁)	初步进入自己理想的职业
确立阶段	25~44 岁	确定永久职业;重新评估自己的需求和职业目标	尝试期(25~30 岁)	初步选定永久职业
			稳定期(31~39 岁)	稳定永久职业
			危机期(40~44 岁)	重新评估自我需求和职业目标
维持阶段	45~64 岁	维持既有成就和地位		
衰退阶段	65 岁及以后	减速、解脱、退休		

在舒伯的职业生涯发展理论中,每一阶段都有一些特定的发展任务需要完成,每一阶段需达到一定的发展水准或成就水准,而且前一阶段发展任务的达成与否关系到后一阶段的发展。

随着研究的深入,舒伯提出,人在一生的发展中,各个阶段都要面对成长、探索、建立、维持和衰退的问题,因而形成"成长—探索—建立—维持—衰退"的螺旋循环发展模式。

依据上述理论,在大学阶段,大学一年级的新生处于试探期,要初步了解职业,特别是要初步了解自己未来想从事的职业或自己所学专业对口的职业,提高人际沟通能力。大学二年级学生处于定向期,要了解相关的专业和课外活动,以提高自身的基本素质为主。大学三年级学生处于冲刺期,应确定自己的主攻方向,选择就业、考研还是出国留学。大学四年级学生处于分化期,这是大学四年中最不稳定的时期,学生普遍心浮气躁,忙着找工作、考研或办理出国手续。大部分学生的目标应该锁定在成功就业上。

(三)格林豪斯的职业生涯发展理论

格林豪斯研究人生不同年龄段职业发展的主要任务,并将职业生涯划分为五个阶段。

1. 职业准备

典型年龄段为 0~18 岁。主要任务是发展职业想象力,对职业进行评估和选择,接受必需的职业教育。一个人在此阶段所做的职业选择,是最初的选择而不是最后的选择,主要目的是建立起个人职业的最初方向。

2. 进入组织

18~25 岁为进入组织阶段。主要任务是在一个理想的组织中获得一份工作;在获取足量信息的基础上,尽量选择一份合适的、较为满意的职业。在这个阶段,个人所获得信息的数量和质量将影响个人的职业选择。

3. 职业生涯初期

处于此阶段的典型年龄为 25~40 岁。主要任务是学习职业技术,提高工作能力;了解和学习组织纪律与规范,逐步适应职业工作,适应和融入组织,为未来职业成功做好准备。

4. 职业生涯中期

处于此阶段的典型年龄为 40~55 岁。主要任务是对职业生涯进行重新评估,强化或转变自己的职业理想;选定职业,努力工作,有所成就。

5. 职业生涯后期

从 55 岁直至退休为职业生涯后期。主要任务是继续保持自己已有的职业成就,维持自尊,准备引退。

三、职业周期理论

职业周期理论是由美国职业指导专家埃德加·施恩提出的。该理论强调培养人的职业自觉能力,发展清晰、全面的职业自我观,启发求职者以动态和发展的视角明确各个生涯阶段的职业目标,积极地把握自己职业生涯发展的方向,并科学地、具有前瞻性地进行设计和规划。职业周期理论是现代组织管理的重要理论基础,赋予了职业指导一种全新的教育意义。

职业周期理论将个人的发展与人生在组织中的角色紧密相连,将职业生涯分为九个阶段:成长幻想探索阶段(0～21岁)、进入工作环境阶段(16～25岁)、基础培训阶段(16～25岁)、早期职业的正式员工资格阶段(17～30岁)、职业中期阶段(25岁以上)、职业中期危险阶段(35～45岁)、职业后期阶段(40岁至退休)、衰退和离职阶段、离开组织或职业退休阶段,并对每个阶段的角色特征、面临的共同问题和特殊任务进行了阐述。

埃德加·施恩认为,职业生涯发展实际上是一个持续不断的探索过程,每个人都会根据自己的天资、能力、动机、需要、态度和价值观等慢慢形成明晰的与职业有关的自我概念。此外,施恩还提出了"职业锚"的概念,使职业周期理论更为清晰、更为系统和完整。

四、职业锚理论

"职业锚"的概念也是由美国职业指导专家埃德加·施恩提出的。这一概念最初产生于美国麻省理工学院斯隆管理学院毕业生的职业生涯研究。

职业锚,又称职业系留点。锚,是使船只停泊定位用的铁制器具。职业锚,实际上就是人们选择和发展自己的职业时所围绕的中心,即人们不会放弃职业中的那种至关重要的东西或价值观。职业锚是个人进入早期工作情境后,由习得的实际工作经验所决定,与在经验中自省的动机、价值观、才干相符合,达到自我满足和补偿的一种稳定的职业定位。职业锚强调个人能力、动机和价值观的相互作用与整合,是个人同工作环境互动的产物,在实际工作中是不断调整的。

埃德加·施恩曾提出五种职业锚类型,后来,随着研究的深入,他将职业锚的类型拓展到了八种。

1. 技术职能型

技术职能型的人,愿意在专业技术领域中发展,追求在技术或职能领域的成长和技能的不断提高,以及应用这种技术或职能的机会。他们对自己的认可来自他们的专业水平,喜欢来自专业领域的挑战。他们往往不喜欢从事一般的管理工作,因为这意味着放弃在技术或职能领域的成就。

2. 管理型

管理型的人有强烈的愿望去做管理员,追求并致力于工作晋升,倾心于全面管理,可以跨部门整合其他人的努力成果。他们想去承担全部工作责任,并将企业的成功看成自己的工作。对他们来说,具体的技术功能工作仅仅被看作通向更高、更全面管理层的必经之路。

3. 自主独立型

自主独立型的人喜欢独来独往,希望随心所欲地安排自己的工作方式、工作习惯和生活方式,并追求能施展个人能力的工作环境,希望最大限度地摆脱组织的限制和制约。他们宁愿放弃提升或工作扩展的机会,也不愿意放弃自由与独立。

4. 安全稳定型

安全稳定型的人追求职业的长期稳定性与安全性。对他们而言,安全稳定的职业、体面的收入、优越的福利与良好的退休保障更重要。尽管有时他们可以得到较高的职位,但他们并不关心具体的职位和具体的工作内容。

5. 创造型

创造型的人希望通过自己的能力去创建属于自己的企业或创建完全属于自己的产品(或服务),而且愿意去冒险,并努力克服障碍。他们想证明企业是他们靠自己的努力创建的。他们可能正在别人的企业工作,但同时也在学习并评估将来的机会。一旦感到时机到了,他们便会走出去创建自己的事业。

6. 服务型

服务型的人一直追求他们认可的核心价值。例如,帮助他人,改善人们的生活,通过新的产品消除疾病。他们一直追寻这种机会,即使这意味着变换工作,也不会接受不允许他们实现其价值的工作变换或工作提升机会。

7. 挑战型

挑战型的人喜欢解决看上去无法解决的问题,战胜强硬的对手,克服无法克服的困难障碍等。对他们而言,参加工作的原因是工作允许他们去战胜各种不可能。新奇、变化和克服困难是他们的终极目标。如果非常容易,他们就会马上厌烦这种工作。

8. 生活型

生活型的人喜欢能平衡个人、家庭和职业需要的工作环境。他们希望将生活的各个方面整合为一个整体。正因为如此,他们需要足够弹性的工作环境,有时甚至可以牺牲他们工作的一些方面来实现他们的目标。他们认为,自己如何生活、在哪里居住、如何处理家庭事务以及在组织中的发展道路是与众不同的。

职业锚理论反映了个人职业需要及其所追求的职业工作环境,同时也反映了个人的价值观和抱负。

大学生在进行职业生涯规划时,首先,要进行自我定位,知道自己想要干什么、能干什么,自己的兴趣、才能、学识适合干什么。自我分析、自我定位是职业生涯规划的首要环节,它决定着个人职业生涯的方向,也决定着职业生涯规划的成败。大学生可通过自我分析与可靠的量表工具评估自己的职业倾向、能力倾向和职业价值观,这是职业生涯规划的基础。

其次,职业生涯规划是一个动态调整的过程。当今社会处于剧烈变革之中,大学生的就业观念应及时转变,摒弃传统的"一业定终身"的思想。在就业与再就业已成常态的背景下,职业生涯规划需要根据社会环境、行业发展和个人认知的变化不断优化。特别是当环境变迁引发自我认知更新时,职业生涯规划方案更应做出适应性调整。因此,职业生涯规划不宜过早确定人生各阶段的具体细节,而应保持适度的灵活性和开放性。

复习与思考

请分析下列资料中涉及的人物属于职业锚的哪种类型。

李彦宏:众里寻他千百度

李彦宏,1991年毕业于北京大学信息管理专业,随后赴美国留学完成计算机硕士学位。1999年,他回国和徐勇创办了百度,一年后,百度成为全球最大的中文搜索引擎技术公司。2003年第二季度,百度宣布全面盈利。"人还是要做自己喜欢做的事情,做自己擅长做的事情,你一定能做得很好。因为如果你不喜欢的话,碰到困难很可能就退缩了。财富的积累并不是成功的全部,和真正的幸福也不见得是成正比的。我经常说世界上最幸福的一定不是最有钱的,而最有钱的肯定不是最幸福的……我理解的'成功'是做自己喜欢、自己擅长的事情,并给社会创造价值,得到社会认可。我想的更多的还是个人精神上的充实和满足。"

俄罗斯"数学隐士"拒绝接受菲尔茨奖

俄罗斯数学家格里戈里·佩雷尔曼因拒绝接受菲尔茨奖被称为"数学隐士"。国际数学家大会于2006年8月22日将有着"数学界诺贝尔奖"之称的菲尔茨奖授予佩雷尔曼及另外三位数学家,但佩雷尔曼未出席颁奖仪式。他在学术生涯中多次拒绝荣誉,包括1996年欧洲数学协会杰出青年数学家奖和2010年克莱数学研究所的百万美元奖金。他还曾拒绝斯坦福大学、普林斯顿高等研究院等机构的聘请。

霍华德·休斯:天才与疯狂

霍华德·休斯是20世纪美国最具传奇色彩的人物之一,集企业家、飞行家、电影制片人和发明家等多重身份于一身。霍华德·休斯在18岁时继承家族企业后,展现出非凡的商业头脑,将业务拓展至航空、电影、赌场和房地产领域。他创立的休斯飞机公司后来成为美国航天与军事工业的重要支柱,并推动了商业航空的技术革新。休斯对飞行有着近乎痴迷的热爱。20世纪30年代,他亲自设计并驾驶飞机打破多项世界纪录。晚年的休斯因严重强迫症和药物依赖逐渐遁世,隐居在拉斯维加斯酒店顶层,过着与世隔绝的生活。尽管健康状况恶化,他仍通过代理人操控自己建立的商业帝国,其古怪行径成为媒体追逐的焦点。休斯的一生印证了天才与疯狂往往仅一线之隔。

模块三　职业生涯规划的基本步骤

【案例导入】

　　1947 年,阿诺德·施瓦辛格出生于奥地利的一个普通家庭。这个瘦弱的男孩日后却在日记里立志长大后要做美国总统。如何能实现这样宏伟的抱负呢? 年纪轻轻的他为此拟定了一系列目标:做美国总统首先要做美国州长,要竞选州长必须得到财团雄厚的财力支持,要获得财团的支持最好能成为名人,成为名人的快速方法就是做电影明星,做电影明星前得练好身体,练出阳刚之气。

　　按照这样的思路,他开始行动。某日,施瓦辛格偶然在杂志上看到著名的健美运动员被邀请演电影,于是他就认为练健美是出名的好点子。他开始刻苦地练习健美,渴望成为世界上最健美的男子。三年后,凭借发达的肌肉和健壮的体魄,他获得了各种世界级的"健美先生"称号。

　　22 岁时,他踏入了美国好莱坞。在好莱坞,他花费了十年时间,利用自身优势,刻意打造坚强不屈、百折不挠的硬汉形象,在演艺界声名鹊起。

　　2003 年,年逾 57 岁的他,告老退出影坛,转而从政,成功竞选为美国加州州长。

　　阿诺德·施瓦辛格的经历告诉我们:科学规划,行动有力,也许就会成功。

　　从这个职业生涯规划案例可以看出:职业生涯规划制订得越早、步骤越详细,越能早日实现自己的梦想。不管实现这个目标多么艰难、现实和理想之间相差多远,只要自己有恒心、有切实可行细致的计划,并一步一个脚印踏踏实实地去完成,就一定能实现自己远大的理想!

一、树立正确的职业理想

　　职业理想指人们对未来的职业生活表现出的一种强烈的追求和向往,是人们对未来职业生活的构想和规划。每个人的职业理想都会受到社会环境、社会现实的制约。社会发展的需要是职业理想的客观依据,凡是符合社会发展需要和人民利益的职业理想,都是高尚、正确并具有现实的可行性的。大学生更应把个人志向与社会需要有机地结合起来。

　　职业理想在人们的职业生涯规划中起着调节和指南作用。一个人选择什么样的职业以及为什么选择某种职业,通常是以其职业理想为出发点的。大学生树立职业理想的过程,便是进行职业生涯规划的过程,一旦在心中有了自己理想的目标,就会依据这个目标去规划自己的学习和实践,并为获得理想的职业而做各种准备。

职业理想形成后，就会确立职业目标。在一个人的职业生涯中，职业目标有短期目标和长期目标之分，而且在一定时期内还有可能对职业目标进行调整。职业生涯规划是根据一定的职业目标而进行的，是为了实现这个目标而做的设想和打算。所以，大学生应当尽快确定自己的职业目标，如打算成为哪方面的人才、打算在哪个领域有所作为等。对这些问题的不同回答不仅会影响个人的职业生涯规划，也会影响个人的成功。

二、正确评估自我

自我评估就是对自己做全面分析，是通过各种方式认识自己、了解自己的过程。在职业生涯规划过程中，自我评估是不可缺少的步骤，是职业生涯规划的基础。只有全面认识自己，才能做出明确的职业选择。

在自我评估中，要通过科学的认知方法和手段，对自己的职业价值观、职业兴趣、能力、气质类型、性格等进行全面的认识，清楚自己的优势与特长、劣势与不足。同时，自我评估要客观、冷静，不能以点带面，既要看到自己的优点，又要敢于面对自己的缺点。只有这样，才能避免职业生涯规划中的盲目性，使职业目标更适宜。

(一)自我评估的内容

自我评估的内容包括自己的性格、兴趣、特长、学识、技能、思维、道德水准以及社会中的自我等。具体来说，主要包括生理自我、心理自我、理性自我和社会自我四个方面。

生理自我，主要评估自己的相貌、身体、穿着打扮等。

心理自我，主要评估自己的性格、气质、意志、情感、能力等方面的优缺点。

理性自我，主要评估自己的思维方式和方法、知识水平、价值观、道德水平等。

社会自我，主要评估自己在社会中所扮演的角色以及责任、权利、义务、名誉、他人对自己的态度、自己对他人的态度等。

回答以下问题，也许可以帮你更清楚地了解自己。

(1)你现在的年龄？现在处于求职阶段还是职业发展阶段？你的心态如何？

(2)你在工作方面有什么需要？哪种需要占主流？是追求有更多的发展机会还是追求更多的收入？是追求工作的舒适感还是追求竞争中的成就感？什么样的工作能满足你的这种需要？

(3)你的兴趣爱好是什么？你喜欢与人还是与事物打交道？喜欢管理工作还是技术工作？

(4)你的智力水平如何？你有什么样的特殊能力？这些能力比较适合什么样的工作？

(5)你的性格属于哪种类型？这种类型又适合从事什么样的工作？

(6)你的专业是什么？这些专业与哪些工作对口？

(7)家庭对你的职业生涯有怎样的影响？如何充分利用正面影响，避免负面影响？

(8)你的人际关系如何？求职时能否用上？

（二）自我评估的方法

认识自我并不是一件易事，所以我们必须借助一定的方法。下面对 360 度评估、橱窗分析法、自我测试法和计算机测试法进行简单介绍。

1. 360 度评估

360 度评估是进行自我认知的常见工具和方法，又称为多渠道评估，是指通过收集与受评者有密切关系的、来自不同层面人员的评估信息来全方位地评估受评者。通过评估反馈，可以获得来自多层面人员对受评者素质、能力等的评估意见，比较全面、客观地反映受评者的个人特质、优缺点等。评估结论可以作为受评者进行职业生涯规划及能力发展的参考。

2. 橱窗分析法

心理学家把对个人的了解比作橱窗（图 3-1）。图 3-1 中的坐标横轴正向表示别人知道的部分，坐标横轴负向表示别人不知道的部分；坐标纵轴正向表示自己知道的部分，坐标纵轴负向表示自己不知道的部分。这样，人对自我的认识就划分为四个部分。在进行自我分析的时候，重点是了解橱窗 3"潜在我"和橱窗 4"背脊我"这两部分。

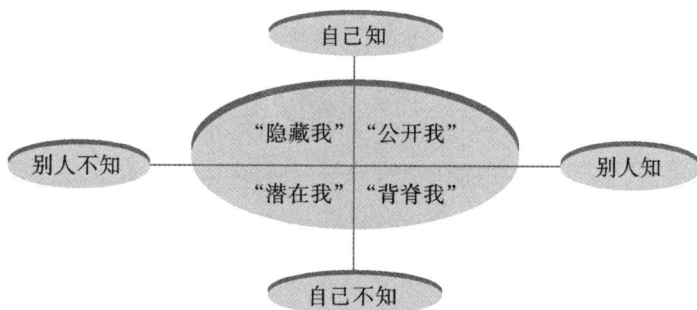

图 3-1 橱窗分析法

"潜在我"是影响一个人未来发展的重要因素，许多研究表明，人类平常只发挥了极小部分的大脑功能。"背脊我"是准确对自己进行评价的重要方面，如果你能诚恳地、真心实意地对待他人的意见和看法，就不难了解"背脊我"。

3. 自我测试法

自我测试法是通过回答有关问题来认识自己、了解自己的一种方法。自测的内容五花八门，常见的包括性格测试、人格测试、性情测试、气质测试、记忆力测试、应变力测试、想象力测试、智能测试、技能测试、分析能力测试、行动能力测试、管理能力测试、情绪测试、人际关系测试等。

4. 计算机测试法

计算机测试法是一种了解自己、认识自己的有效的现代测试手段和方法。这种方法的科学性和准确性相对自我测试法较高。由于计算机的发展和普及,各种认识自我的测试软件纷纷出现,为我们了解自己提供了便利。国内外比较常见的计算机测试法有人格测试(如明尼苏达多项人格测试、卡特尔人格测试),智力测试(如比内智力量表、韦克期勒智力量表),能力测试(如明尼苏达办事员测试、一般办事员测试),职业倾向测试(如爱丁堡职业倾向问卷、男性职业兴趣问卷表)等。

三、生涯机会评估

生涯机会评估主要是对内、外环境进行分析,确定这些因素对自身职业生涯发展的影响。个人在进行职业生涯规划时,要分析环境的特点、环境发展变化情况、自己与环境的关系、自己在这个环境中的位置、环境给自身带来的利弊等,以此确定生涯机会的大小,使职业生涯规划更具有实际意义。

对生涯机会的评估,主要从组织环境和社会环境两方面进行考察。一般来说,短期的职业生涯规划更注重对组织环境的分析,长期的职业生涯规划更注重对社会环境的分析。

(一)组织环境

组织环境对个人的职业生涯有着很大的影响,当组织环境适合个人发展时,个人更易取得职业上的成功。进行职业生涯规划时,对组织环境的了解主要包括以下五个方面。

(1)组织特征,包括企业的行业属性、产品的组合结构、生产的自动化程度、产品的销售方式等,这些决定了这家企业内部员工的发展空间。此外,对企业的类型应给予关注:该企业是资本密集型还是劳动密集型? 自己在这样的环境中有多大的发展空间? 该企业所需要的是纯技术人才还是技术创新人员或管理人员? 自己是否适合这种需要?

(2)企业发展战略。每家企业都有自己的发展目标,企业的活动都是围绕着企业发展目标而进行的,因此,对人才的需求也体现在这个方面。如果企业处在新领域的开发期,其对这个新领域的人才的需求就会增加;如果企业正进行结构调整,则这个机会对某类人才来说是一个难得的机遇。大学生在求职时,如果能了解到有关企业的发展战略将对职业选择非常有利。

(3)企业文化,如考察企业文化是否适合自身的价值观,自己在调整后能否适应。

(4)组织人力资源状况,如员工的年龄状况,企业的晋升制度、绩效考核制度、薪酬制度、培训制度。

(5)组织的人力资源规划。大型企业的人力资源规划能使人预测到组织的人力资源需求总量和人力资源供给总量,从而能使求职者或在职员工知道自己在企业内是否有机会或有什么样的机会,从而制订合理的职业生涯规划。

(二)社会环境

社会环境对职业生涯规划有着重要影响,要做好长期的职业生涯规划,就需要对社会环境做深入的分析。社会环境具有很大的变动性，其内容也纷繁复杂，人们通常把社会环境划分为五大类，即经济环境、人口环境、科技环境、政治与法律环境、社会文化环境。

在充分认识自我、了解外界环境之后，大学生应评估各种环境因素对自己职业生涯的影响，根据自己的兴趣、爱好与特长，考虑自己的性格、气质与能力等特征是否适合在这样的环境中发展。在评估生涯机会的工具中，SWOT 分析是最基本的一种，通过它能知道自己的优点和缺点，并且可以详细地评估自己感兴趣的不同职业面临的机会和威胁。当然，对自身和外界环境的分析是一个渐进的过程，不可能一蹴而就，只有不断思考和充分利用相关信息才能准确地把握，必要的时候还应该去咨询老师或者职业指导方面的专家。

四、确定职业生涯目标

确立目标是制订职业生涯规划的关键，有效的职业生涯规划需要设定切实可行的目标，以便排除不必要的干扰，全心致力于目标的实现。如果没有切实可行的目标做驱动的话，人们是很容易对现状妥协的。

自我评估和生涯机会评估为我们选择职业生涯目标提供了基础。在此基础上，我们能够根据自己的最佳才能、最优性格、最大兴趣、最有利的环境等信息，找出满意的方案，确定自己的职业生涯目标。为了使自己的职业生涯目标更好地实现，可以从一生的发展目标写起，然后分别制订十年计划、五年计划、三年计划、一年计划、一月计划、一周计划、一日计划。在确定好职业生涯规划目标后，再从一日计划、一周计划、一月计划……实行下去，直至实现人生目标。

五、选择职业生涯路径

职业生涯路径指一个人对不同职业发展方向的选择，如是确定向专业技术方向发展还是向行政管理方向发展。发展路径不同，对个人的要求也不一样。如果一个人错误地选择了与自身不相符合的职业生涯路径，那么，他在职业发展中必定会遭遇许多坎坷。

典型的职业生涯路径是一个 V 形图。假设你 23 岁大学毕业，以此时为起点，可在对自己的能力、性格、兴趣、价值取向、特长等因素进行分析基础上，对自己的职业生涯路径进行定位。比如，图 3-2 是一位建筑专业学生做的职业生涯路径图，V 形图左侧是专业技术发展路径，右侧是行政管理发展路径。

职业生涯路径的选择不可能从一而终，中间也许会有变动，但无论如何选择均应朝向自己的职业生涯目标。例如，你可以把你的职业生涯路径设计如下：在大学学习技术与管理知识—在政府部门锻炼自己的人际交往能力—到大企业担任中层管理员—到小公司担任高层管理员—成为大企业的高层管理员。

（教授级高级工程师）55岁 ——	—— 55岁（董事长）
（高级工程师）49岁 ——	—— 49岁（总裁）
（工程师）38岁 ——	—— 40岁（总经理）
（助理工程师）33岁 ——	—— 35岁（副总经理）
（技术员）28岁 ——	—— 28岁（部门经理）
（员工）23岁 ——	—— 23岁（员工）

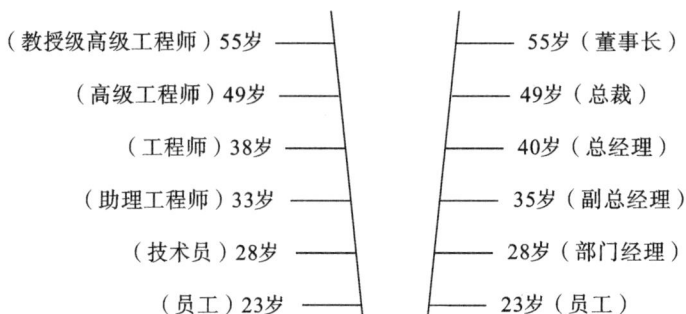

图 3-2　某建筑专业学生做的职业生涯路径图

具体来说，选择路径应把握四条原则：择己所爱、择己所能、择己所需，并在保证前三个原则的基础上，追求就业收益最大化，即择己所利。在此基础上，考虑以下三个问题：我想往哪一路径发展？我能往哪一路径发展？我可以往哪一路径发展？

对以上三个问题进行综合分析，以此确定自己的最佳职业生涯路径。

六、选择职业

职业的选择是人生事业的起点，直接关系到职业生涯的成功与失败。下面，我们谈谈大学生职业选择应考虑的要素。

（1）Who（人）："我是谁""我具备什么样的物质与能力""我喜欢什么样的生活方式""我的专长是什么""父母对我有什么期望"等，考虑清楚这些问题有助于充分地认识自我，这是大学生进行职业选择的基础。

（2）What（事）：做决定前，要清楚"我有哪些选择""我的问题是什么""我的决定会有什么影响"。

（3）When（时）：考虑时间的长短与事情的急迫性，如"我的计划容许我有多少时间完成""缓冲期有多长""我预计完成的时间"等。

（4）Where（地）：考虑空间因素。如"我向往什么样的工作环境与生活空间""居住地与工作地点的距离多远""我应该住在什么地方"。

（5）Why（为什么）：思考"我为什么偏好这个而排斥那个""我职业选择的初衷是什么"。

（6）How（如何）：思考做完决定后"怎样行动""如何取舍""如何达到目标""如何找工作""如何安排时间""如何运用时间"等。

七、制订行动计划与措施

在确定了职业生涯目标后，行动便成了关键的环节。没有行动，目标就难以实现，也就谈不上事业的成功。这里所指的行动，是指落实目标的具体措施，主要包括工作、训练、教育、轮岗等方面的措施。例如，为达成目标，在工作方面，你计划采取什么措施提高你的工作效率。在业务素质方面，你计划学习哪些知识、掌握哪些技能以提高业务能力。

在潜能开发方面,你计划采取什么措施开发你的潜能。这些方面都要有具体的计划与明确的措施,并且这些计划要特别具体,以便于定时检查进度。

八、评估与反馈

俗话说:"计划赶不上变化。"是的,影响职业生涯规划的因素有很多。有的变化因素是可以预测的,而有的变化因素难以预测。在此情况下,要使职业生涯规划行之有效,就要不断地对职业生涯规划进行评估与修订。修订的内容包括职业的重新选择、职业生涯路径的选择、职业生涯目标的修正、实施措施与计划的变更等。

(一)评估

为了确保职业生涯规划的可行性和有效性,必须随时对职业生涯规划的内容和成效加以评估。此外,在实施的过程中,也会发现当初做规划时未曾想到的问题与执行时的困难。为保证职业生涯规划的效果,在每实施一段时间后,有必要对计划执行的方法做一评估。

(二)反馈与修订计划

实施职业生涯规划时,必须为日后可能的计划修改预留余地,修订的依据是每次成效评估后反馈回来的信息。

复习与思考

按照职业生涯规划的基本步骤,请结合自身实际情况制订一份职业生涯计划。

单元三 全面提升就业技能

学习目标

一、依据职业生涯目标明确知识与能力的储备方向。

二、掌握高效搜集、筛选与整合就业信息的方法，能精准捕捉契合自身发展的就业机会，时刻保持对就业市场的敏锐感知。

三、掌握制作求职材料的技巧，从内容撰写、格式设计到亮点呈现，让求职材料充分彰显个人优势与独特价值，成为开启理想职业大门的有力敲门砖。

单元导言

在竞争激烈的就业舞台上，全面提升就业技能是大学生开始职业生涯的关键一步。本单元旨在为同学们的求职之路提供指引，帮助大家夯实职场发展根基。我们将从以下三个方面展开探讨。知识与能力如同鸟之双翼，是立足职场的根本。我们将一起探索如何依据职业生涯规划建立全面的知识体系，锤炼过硬的实践技能，实现从校园学习到职场应用的能力转化。在信息爆炸的时代，就业信息浩如烟海。面对海量招聘信息，我们将解析高效筛选方法，帮助同学们快速锁定优质岗位。而一份出色的自荐材料，则是大学毕业生展示自我风采、吸引雇主目光的重要媒介。我们将深入学习自荐材料的写作技巧，以助力求职者脱颖而出。

模块一 知识与能力的准备

【案例导入】

工程管理专业大学生小赵以进入大型建筑企业为职业生涯目标。求学期间，他不仅系统学习了工程造价、风险管理等课程，而且积极参加学术讲座与行业研讨会，密切关注前沿理论知识与实践发展。实践层面，他利用寒暑假在建筑公司多岗位实习，从测量放线等基层工作起步，逐步介入项目进度管控等核心业务，积累了全流程管理经验。同时，他还参加了校级BIM建模竞赛团队，承担成本核算与施工质量管控任务,显著提升了造价分析能力和标准化管理意识。毕业时,小赵凭借扎实的理论功底与丰富的实践经历在知名建筑企业的校招考核中表现突出,最终斩获某央企工程管理岗职位,成功迈出职业发展的关键一步。

一、建立合理的知识结构

现代社会所需要的是知识结构合理,能根据当今社会发展和职业要求将自己所学到的各类知识科学地组合起来的,适应社会要求的人才。所谓合理的知识结构,就是既有精深的专门知识,又有广博的知识面,具有事业发展实际需要的最合理、最优化的知识体系。

知识结构通常可以分为四种类型。

(1)宝塔形知识结构,包括基本理论、基础知识、专业知识、学科知识、前沿知识。这种知识结构的特点是强调基本理论、基础知识的宽厚扎实和专业知识的精深,容易把所具备的知识集中于主攻目标上,有利于迅速接近学科前沿。现今我国大多数高校培养的是这种知识结构的人才。

(2)T形知识结构。这种知识结构是宽广的知识面与某一狭窄领域前沿知识的结合。宽广的知识面保证了人才具有广阔的视野,思考问题思路开阔,能够运用不同领域的基本知识和基本原理;而某领域的前沿知识则保障了人才能够接触这一领域的前沿理论,对专业问题进行深入探索,从而早出结果。

(3)蜘蛛网形知识结构。蜘蛛网形知识结构以所学的专业知识为中心,与其他专业相近的、有较大相互作用的知识作为网状连接,形如蜘蛛网。这种蜘蛛网形知识结构的特点是知识广度与深度相统一,人才知识结构呈复合型状态。随着社会生产的高速发展,这种知识结构的人才非常受用人单位的欢迎。

(4)幕帘形知识结构。这种知识结构是指一个具体的社会组织对其组织成员在知识结构上有一个总的要求,而作为该组织的个体成员,将依其在组织中所处的层次,在知识结构上又存在一些差异。以一家企业为例,企业要求其成员整体上具有财会、安全、商业、营销、管理等知识。而对企业中处于不同层次的个人,要求掌握上述知识的比例截然不同,从而组成各自不同的知识结构。这种知识结构强调个体知识结构与组织整体知识结构的有机结合。它对于求职者的启示是,在求职择业过程中,不但要注意所选职业类型在整体上对求职者知识结构的要求,还要了解所选职业岗位在社会组织中的位置及具体层次,以此调整自己的知识结构,增强就业后的适应性。大学生可以根据自己所选择的职业、个性特征和已有基础来决定自己应该建立的知识结构类型。

现代职业对大学毕业生知识结构的要求是多方面的,不同的职业有不同的要求,但亦有共性的要求。

（1）宽厚扎实的基础知识。大学毕业生无论选择何种职业,也不管向哪个专业方向发展,都少不了宽厚扎实的基础知识,就像万丈高楼平地起,全靠地基来支撑。特别是随着科技和经济的高速发展,社会的产业、行业、职业结构调整的速度越来越快,大学毕业生的择业、就业已经不可能从一而终,职业岗位的变动不可避免。大学毕业生要适应这种变化,必须有扎实宽厚的基础知识。

（2）广博精深的专业知识。大学毕业生是具有专业知识的高级专门人才。专业知识是知识结构的核心部分,也是科技人才知识结构的特色所在。所谓广博精深,是指大学毕业生对自己所要从事的专业掌握了一定深度的知识和一定水平的技术,对理论体系、研究方法、学科历史和现状、国内外最新信息等都要了解和把握。同时,对其专业邻近领域的知识也要有所了解和熟悉,善于将所学专业的领域与其他相关领域紧密联系起来。专博相济,专深博广,已成为当今人才素质的重要要求。

（3）大容量的新知识储备。现代各类职业都要求从业者的知识程度高、内容新、实用性强。程度高指知识量大,面宽;内容新指从业者的知识结构中应以反映当今科学技术发展状况的新知识、新信息为主;实用性强指从业者的知识在生产工作中有很强的使用价值。

二、提高综合能力

（一）学生应具备的基本能力

一般说来,不同的学科和专业对学生有不同的能力要求,即要具有从事本专业活动的某些专门能力。但是无论什么专业的学生想顺利就业并能有所成就,都必须具备一些基本能力。

1. 掌握现代信息知识的能力

良好的信息能力的培养至少包括这样几个方面:一是个体应在心理结构上建立一个开放的、全方位的信息接收机制,对过去、现在、未来的信息,纵向与横向信息,正向与逆向信息都加以接纳和捕捉;二是个体从新的需要的角度对原有的信息、知识进行重组或进一步系统化;三是通过传播和交流更新信息;四是熟练运用电脑。我国的政治、经济、文化各方面的发展和人的发展都离不开信息化,信息化已成为社会发展的必然之势。但我国目前的信息基础薄弱,这给我国的信息化道路既带来挑战又带来机遇。挑战不言而喻,机遇则在于可以避免走弯路而"后来居上"。与之相应,年轻人的成长也面临着巨大的机遇和挑战。机遇在于信息社会提供了更多的成功机会,挑战在于社会对他们提出了更高的要求。只有那些掌握了丰富的信息知识,在信息观念的支配下、在信息道德允许的范围内自由发挥信息素质（能力）的人,才有可能成为未来社会的栋梁之材。

2. 学习能力

现代教育学理论认为,信息时代学习的特点为:学习是个体建构的过程,个体在社会文化背景下,在与他人的互动中,主动建构自己的认识与知识。所以,信息社会的学习是一个充分发挥个人主动性和弥补个人思维缺陷的过程,同时现代信息技术为信息化的学习型社会的形成创造了条件。要变学习方法单一、被动的学习为自主的探索和合作型的学习,要培养密切关注社会、关注人生、关注科学的人生态度,要增强心理上对正在变化的环境的适应性。我们在认识事物的时候,要注重对前后流程和背景的解读,同时要注意克服学习中的机械主义、绝对科学主义和功利主义倾向。

3. 创新能力

创新能力是在多种能力发展的基础上,利用已知信息,创造新颖、独特、具有社会价值的新理论、新思维、新产品的能力。它是一种综合性的、高层次的思维能力和行动能力。创新能力包含多方面的内容,如强烈的好奇心,细微的观察力,深刻的洞察力,大胆设想、勇于探索的精神以及提出问题、研究问题、解决问题的能力等。大学生要自觉培养这些能力,为走上工作岗位后创造性地工作打下扎实的基础。

4. 团队协作能力

团队协作能力是指建立在团队基础之上,发挥团队精神、互补互助以达到团队最大工作效率的能力。它要求个人善于与团队其他成员沟通协调,能扮演适当角色,勇于承担责任,乐于助人,保持团队的融洽等。

5. 表达能力

表达能力是指运用语言、文字阐明自己的观点、抒发思想和情感的能力,主要包括口头表达能力和书面表达能力。口头表达能力要求语言具有丰富性、流畅性、灵活性、艺术性以及语音的标准性。书面表达能力要求的是文字形式的逻辑性、抽象性、艺术性和条理性。表达能力是人们进行职业活动和人际交往必不可少的基本能力。大学生必须高度重视培养自己的表达能力,这对将来的求职就业和职业发展来说都是非常重要的。

6. 人际交往能力

人际交往能力是指建立组织内外关系、与他人相处以及处理冲突的能力,包括与周围环境建立广泛联系和对外界信息的吸收、转化能力,以及正确处理各方关系的能力。随着社会的飞速发展,人与人之间的交往和联系日益频繁,能否正确地处理和协调人与人之间的关系,直接影响到就业者的适应能力、工作效率、心理健康,甚至决定了其事业成功与否。因此,人际交往能力已成为决定现代职业人事业能否取得成功的必不可少的要素之一。卡耐基曾经说过,一个人的成功85%取决于他的人际交往和处事技巧,另外15%取决于他的专业知识。

7. 组织管理能力

虽然不是每个就业人员将来都会从事管理工作,但是在工作中每个人都会不同程度地需要组织管理能力。组织管理能力是指成功地运用管理知识和能力影响组织活动,并达到最佳工作目标的能力,包括计划能力、组织协调能力、决断能力、指导能力和平衡能力。组织管理水平的高低,是衡量一项工作、一个部门、一个单位工作好坏的重要指标。

随着毕业生就业制度的改革和社会经济发展对人才需求的多元化转变,具有一定组织管理能力的毕业生越来越受到用人单位的欢迎。许多单位挑选毕业生时,不仅注重学业成绩,而且对是否担任过学生干部、是否从事过社会工作很感兴趣,其重要原因就是看重毕业生的组织管理能力。大学生将来无论从事何种工作,都离不开一定的组织管理能力,要把工作开展起来、把计划付诸实施、把他人的积极性调动起来、把大家的智慧发挥出来,没有一定的组织管理能力是不行的。

8. 实践操作能力

实践操作能力也称动手能力,是指把创造性思维变成实际的物质成果,或是用生动形象的试验过程呈现创造性思维结果的能力。在校大学生往往只注重专业理论知识的学习,而缺乏实践操作能力。因此,培养实践操作能力就显得尤为重要,因为这种能力的强弱将直接影响到工作的完成情况。比如,一名科技人员如果只懂得技术原理而没有实践操作能力,是不可能完成技术攻关任务和技术创新的,而技术攻关任务和技术创新需要不断操作才能完成。所以,大学生在校期间不仅要积累知识、学好理论,还要通过参加模拟实训、科研活动以及利用生产实习和勤工俭学等机会,着力培养和提升实践操作能力,以满足今后的工作需要。

9. 决策能力

决策能力是指决策者对未来的行为进行目标设定、组织实施的判断和选择的能力。决策能力在社会各个领域和各个时代的人身上都有体现:大到全球经济,国家政治、军事、文化,小到个人行为;上到国家领导人,下到普通劳动群众;从改造世界、改造社会、改造自然,到人们的日常生活,这些都与决策有关。因此,平时注意培养和训练自己的决策能力是十分重要的。培养和训练决策能力要从日常小事做起,遇事要勤思考、忌懈怠,不要事事都让别人拿主意,要养成多谋善断的习惯,通过长期训练以后,在遇到重大事情时,就不至于无所适从。

(二)提高专业技能水平

专业技能涉及的是特定职业,是将所学的专业理论知识综合运用于实践的能力。专业技能是完成特定职业任务不可或缺的关键能力。职业的类别是纷繁复杂的,专业技能的种类自然也是多种多样的。就大学生来说,应从以下几个方面着手提高专业技能。

专业技能分为基础技能和专项技能。基础技能是指从事专门职业所必须掌握的最基本技能。较高层次技能的培养依赖于对基础技能的掌握。专项技能是指从事某种职业所必须掌握的某项或几项特殊能力。专项技能是在基础技能基础上进一步发展起来的能力。

1. 学好专业知识,打好技能基础

专业知识是指人们在特定领域内通过系统学习、实践经验与深入研究形成的专门化知识体系,涵盖基础理论、技术方法、行业标准等方面的知识。大学时期是学好专业知识、打好专业基础的关键阶段,使学生获得了行业的准入资格,并将在其今后的职业生涯中发挥基础性作用。

2. 深入细致地了解职业技能要求

大学生在校期间,除了要学好专业知识外,更应充分了解本专业对应的职业岗位特点、具体能力要求及其与专业课程的关联性。例如,可以通过调研明确职业能力与专业课程之间的对应关系。在此基础上,应根据个人职业规划制订学习方案,合理选择主、辅修课程,规划需要参加的职业技能培训及资格证书考试,通过系统性的学习逐步积累目标岗位所需的专业技能。

3. 做中学,提高专业技能

专业技能必须在实际操作中获得,需要经过反复操作,才能提升熟练程度,进而达到更高的技能水平,形成自己的技能经验。学校往往会通过实训课程、岗位实习等方式为学生创设实践平台,大学生应充分把握这些机会,在专业实践、生产实习中不断提高自身的专业技能,提高就业所应具备的特殊能力,这是大学生顺利就业并获得持续的职业发展所必需的。

4. 培养专业问题解决能力

在实际工作中,我们会遇到各种新情况,面临诸多困难与挑战。在当今知识经济社会中,问题解决能力的重要性日益凸显。具备较强问题解决能力的人,更能在不断发展变化的工作环境中保持竞争优势。专业问题解决能力具体表现为:能够及时发现问题并准确找出产生问题的原因;善于运用专业知识和技能分析问题,制订解决方案;能够合理选择实施方案并付诸行动;能及时评估调整方案,最终实现最优化解决问题。

大学生应积极参加有针对性的课外实习、实训,充分利用学校和企业合作建立的稳定的实习、实训基地,进一步提高自己解决问题的能力。在具体的实习、实训中要注意结合课堂教学的内容给自己定任务,亲自动手,独立思考,解决有关实际问题,从中学会或领悟解决问题的一般思路、方法和技巧。

复习与思考

1. 简述适合现代职业的知识结构。

2. 大学生应如何全面提升就业技能?

模块二 就业信息的准备

【案例导入】

　　信息与计算科学专业毕业生小陈，在求职季开始前半年便着手收集就业信息。他密切关注学校就业指导中心，定期咨询老师以获取校招动态和企业需求信息。通过在智联招聘、前程无忧等平台注册账号并精准设置筛选条件，小陈每日定时浏览数据分析和算法研发类岗位信息，同时密切关注华为、腾讯云等目标企业的官网及社交媒体账号，及时掌握校招计划、实习安排与内推渠道。通过加入校友群和行业交流社群，小陈还获取到部分未公开的内部招聘信息。经过多维度信息收集与分析，他敏锐捕捉到某新兴科技企业的数据分析师岗位招聘信息，该岗位与其掌握的 Python 数据处理能力和数学建模专长高度契合。最终凭借针对性制作的简历和可视化数据分析作品集，小陈在众多求职者中脱颖而出，成功斩获心仪的工作机会。

一、就业信息的类型

一般来说，大学毕业生收集的就业信息，主要包括以下三个方面。

(一)政策与法规信息

国家及地方各级政府针对毕业生就业出台了多项政策法规。其中，国家层面的法律主要包括《中华人民共和国劳动法》《中华人民共和国劳动合同法》《中华人民共和国反不正当竞争法》《中华人民共和国公务员法》及行政法规《征兵工作条例》等。地方层面的配套政策则存在地域差异性。需要特别注意的是，多项政策性就业措施有明显的时间期限要求，一旦错过就会带来很多麻烦。例如，各地区接收非本地生源的落户审批均设有明确截止期限；对毕业超过两年的往届生原则上不再办理派遣手续等。建议毕业生积极通过官方渠道，系统了解国家、属地及所在院校的就业政策，建立动态信息追踪机制，以此规避因政策认知滞后导致的择业风险。

(二)社会需求信息

在选择具体用人单位和工作岗位前，通常需要对你希望进入的行业及地域的发展态势进行充分了解。例如，当前国家正大力扶持信息产业、能源产业，因此这些行业能够获得更多政策支持；针对区域发展，国家提出的"西部大开发""振兴东北老工业基地"和"中部崛起"三大战略，使得这些地区因此面临重要发展机遇。作为新时代的大学生，仅将视野局限于校园是远远不够的，应当主动拓展对社会的了解，系统掌握各行业发展动态以及重点区域的政策导向。唯有建立全局视野,才能准确定位个人发展方向,在国家战略布局中找到适合自身的坐标。

(三)用人单位信息

具体来说,用人单位信息除了用人单位全称、所有制性质、隶属关系、详细地址、联系方法等常规信息之外,还应该包括用人单位招聘岗位的职责范围、对人才的素质要求、用人单位的发展历史以及薪酬福利体系等。只有全面了解这些信息,大学毕业生才能准确评估自身是否胜任相关岗位要求;若发现存在差距,也可据此明确需要提升与改进的方向。

二、就业信息的获取渠道

就业信息获取的渠道是很广泛的。由于个人的关注程度、社会背景、经济状况、思想观念等的不同,获取渠道也存在一定差异。下面是几种常用的就业信息获取渠道,供求职择业的大学毕业生参考。

(一)学校的毕业生就业办公室

学校的毕业生就业办公室(或指导中心)是毕业生就业的重要指导和推荐部门,与各省市的毕业生就业主管部门以及有关用人单位保持着经常的、密切的联系。该部门提供的信息无论是数量还是质量都有明显的优势,是毕业生获取用人单位信息的主渠道之一。一般而言,学校的毕业生就业办公室有相对固定的就业信息发布渠道,毕业生可按学校的指导,常做"有心人",经常访问学校就业网,主动与就业辅导员等具体的管理者保持联系,从而获取所需要的就业信息。总体来说,通过学校毕业生就业办公室获得的信息具有针对性强、可靠性高、成功率大等特点。

(二)毕业生就业指导机构和人才市场

教育部组建了全国普通高校毕业生就业创业指导委员会,并创建了国家大学生就业服务平台,各地也成立了相应的毕业生就业指导机构。这些机构的重要职能包括为毕业生与用人单位搭建信息互通平台,提供职业咨询指导服务,定期组织双选洽谈会、网络招聘会等活动。此外,近年来我国人才市场中介机构持续完善发展,通过定期举办人才交流会为用人单位和求职者构建双向选择平台。参与这类活动不仅能帮助求职者系统了解不同行业机构与岗位需求,还能有效提升面试技巧与自信心。合理、有效利用这些就业服务资源,必将为毕业生的职业发展带来显著助益。

(三)人际关系网

毕业生在求职过程中,一定要学会利用各类信息渠道获取就业资讯,尤其要重视身边的人际资源,包括父母、亲友、老师、同学、校友乃至不太熟悉的人,他们提供的信息往往更具实效性。数据显示,63%～75%的岗位是通过人脉网络获得的。多数用人单位青睐经人推荐或介绍的求职者,认为这类求职者的可信度更高。因此,在关键阶段适当借助人脉资源为自己引荐,不失为一种有效策略。但需注意,人脉需要主动建立并维护,且须通过正当途径拓展,切忌采取不正当手段。提升自身竞争力始终是核心,只有当个人能力与机遇相结合时,才能得到理想的职位。

(四)互联网新媒体

随着信息技术的飞速发展,互联网与新媒体已深度渗透到人们生活的各个领域。对于身处信息化浪潮中的当代毕业生而言,依托互联网进行信息查询与交流的求职方式已然成为常态,但需特别关注网络信息的时效性与真实性。当前,各级毕业生就业服务机构和人才市场借助互联网技术日趋完善,绝大多数已建立专业网站,部分企业甚至实现了全程网络化招聘。此类渠道提供的就业信息海量且更新及时,平台功能完善且服务高效,彻底打破了地域限制,显著降低了求职成本。

(五)社会实践、实习和见习

在求职择业过程中,供需双方信息不对称是主要障碍之一。而社会实践、实习与见习等活动,恰好为大学生搭建了与用人单位双向了解的桥梁。建议大学生在参与这些实践活动时,有针对性地选择与自身就业目标相关联的单位,既要主动了解单位的组织架构、发展前景等信息,也要通过专业表现和积极态度赢得单位的认可。这种良性互动往往能有效转化为就业机会,不失为实现职业理想的优质路径。

除常规信息渠道外,毕业生还可采取主动出击策略:向意向单位投递精心准备的求职信,辅以电话沟通强化印象,必要时进行实地走访。这种直面沟通既能直观展示毕业生的个人特质,又能深度了解企业的真实状况。此外,通过正规职业中介机构获取就业资讯也不失为一种有效的辅助手段。多渠道并行不仅能扩大毕业生获取信息的覆盖面,更能彰显其主动性与职业成熟度。

复习与思考

1. 简述就业信息的类型。

2. 大学毕业生获取就业信息的渠道有哪些?

模块三 求职材料的准备

【案例导入】

2020届学生王璐自进入大四年级起,便开始通过线上渠道投递简历寻求就业机会。在短短一个月内,她累计投递了百余份简历,但获得的面试机会却寥寥无几。面对持续低迷的求职反馈,王璐内心倍感焦虑,信心也持续受挫。在多重压力之下,她最终决定向学校就业指导中心的陈老师求助,带着长达数页的简历前去寻求专业指导。

在深度沟通的过程中,陈老师敏锐地发现了王璐求职过程中存在的症结:其一,过度关注岗位选择却未系统梳理自身优势,导致职业定位模糊;其二,对求职材料的规范性认识不足,未能针对不同岗位优化简历内容;其三,采取广撒网式投递方式,凡是与专业相关或感兴趣的职位便群发同一份简历,缺乏针对性策略。通过对简历的专项分析,陈老师进一步指出,这份长达数页的简历虽展现了丰富的实践经历,但由于缺乏核心目标引导,信息呈现仅停留在简单罗列层面,未能进行有效提炼与针对性编排,这正是导致其求职进展受阻的关键因素。

在双向选择过程中,大部分用人单位主要通过审阅毕业生的求职材料来决定是否安排面试。这些材料不仅是评估求职者学业表现的重要参考,更是衡量其职业潜力的关键依据。因此,精心准备的求职材料对大学毕业生求职具有决定性作用。完整的求职材料体系通常包含求职信和个人简历,还可根据需要补充学校推荐表、成绩单、获奖证书及相关技能证书等辅助材料。

一、求职信

求职信,是指求职者以书信的方式进行自我推荐,表达应聘意向,阐述应聘理由的一种应用性文本,是求职者主动向用人单位表明自己对应聘职位热衷程度的一种途径。求职信是求职者主动提供的,通常附于简历之后以争取面试机会。

(一)求职信的主要功能

(1)自我推介功能,让用人单位知道求职者能胜任此职位,进而吸引招聘者进一步阅读个人简历等求职材料。

(2)内容补充功能,有效地补充简历因过于理性、缺乏描述性词语带来的不足,加深用人单位对自己的了解。

(3)双向沟通功能,在正式面试前与用人单位进行非正式沟通,表达对目标企业文化和岗位需求的深度理解,有效提升获取面试机会的可能性。

(二)求职信写作的三个原则

(1)格式简洁整齐,篇幅控制在一页 A4 纸之内。除寒暄语外的所有内容均应围绕应聘职位的要求展开,目的是要让招聘者感觉到你就是最合适的人选。不要尝试把自己包装成一个全才,切忌罗列私人信息或不相干信息。

(2)确保文本严谨、专业,杜绝错别字和语法错误,尤其是应聘外资企业所需要的英文求职信,要符合外籍人士的阅读习惯。

（3）内容充实。求职信不是简历的简单扩写版，而是对简历的有效补充。在一页之内，一定要尽量减少照搬照抄的话，多提供一些有用的信息。在列举自己的优点和工作态度时要表现出自信，要像一位职业人士与另一位职业人士对话一样。以下为南京大学一名计算机开发及应用方向的硕士研究生的求职信，可供参考。

求职信

尊敬的女士/先生/小姐/经理：

　　您好！

　　感谢您在百忙之中抽空阅读我的求职信。我叫×××，今年7月，我将从南京大学毕业。我的硕士研究生专业是计算机开发及应用，论文内容是研究Linux系统在网络服务器上的应用。这不仅使我系统地掌握了网络设计及维护方面的技术，也使我对当今网络的发展有了深刻的认识。在大学期间，我多次获得各种奖学金，而且发表过多篇论文。我还担任过班长、团支书，具有很强的组织和协调能力。很强的事业心和责任感使我能够面对任何困难和挑战。互联网促进了整个世界的发展，我愿为中国互联网和贵公司的发展做出自己的贡献。随信附有我的简历。如有机会与您面谈，我将十分感谢。

　　祝贵公司的事业蒸蒸日上！

签名（手写）
年　月　日

二、个人简历

简历能较为详细地告知潜在的用人单位你能干什么、你干过什么、你是谁、你具备哪些知识和能力，为你争取面试机会。它必须包含足够的信息以便用人单位对你的资质进行评估，还必须能够激起用人单位足够的兴趣从而邀请你进行面试。

（一）个人简历的基本内容

一般常见的大学毕业生的简历包括个人基本情况、求职意向、教育背景、所修课程、外语与计算机技能、课外活动、实践经历、获奖情况、兴趣爱好或自我评价等。

（1）个人基本情况。包括姓名、年龄、性别、籍贯、最高学历、政治面貌、毕业院校及专业、通讯方式等。

（2）求职意向。主要是表明求职者希望应聘的岗位。

（3）教育背景。这里通常是指学历教育，按阶段写清所读学校名称、专业、学习年限及相关证明等，让用人单位迅速了解个人学历背景，以判断与其应征职位的关联性。其实，与所求岗位相关的非学历教育，如外语、计算机和其他专业培训及技能证书也可列入其中，这也是用人单位甄选人员时非常重视的参考因素。

（4）所修课程。通常来说，为了突出自己符合应聘条件，毕业生尤其是缺少工作经验的本科生，可以选择把部分专业课程列出来，以突出自己的知识结构符合应聘岗位的要求，当然这一部分也可以与教育背景合并来写。

（5）外语与计算机技能。外语作为一种语言工具，尤其是在应聘外资企业或者需要外语相关岗位时，就显得非常重要和关键。因此，毕业生需要详细说明自己掌握的外语知识、应用水平或熟练程度。计算机技能是现代办公所需的操作技能，毕业生需要将自己取得的等级证书以及掌握的具体的计算机技能情况反映出来。当然，还可以列出具有的其他资质，如驾驶资格证书、会计资格证书。

（6）课外活动。课外活动是学校生活的重要组成部分，也是专业学习内容的重要补充，如参与学校、院系和班级的各种学生活动，参与各种学生社团组织的活动，担任某职务。这些都会成为简历中的亮点，表明你具备了良好的社会适应性、工作积极性和竞争优势。

（7）实践经历。大学生应充分利用假期等课余时间参与勤工俭学、社会实践及各类校园活动。在求职过程中，毕业生可展示在校期间的实习经历、社团参与情况及个人专长，具体说明自己在相关工作中承担的角色、组织的活动项目以及展现出的特殊才能。这些经历或许略显短暂、青涩，却能从多维度体现个人特质，如职业兴趣倾向、团队协作意识、统筹规划能力、沟通协调技巧、领导潜能以及心智成熟度等。此类职场预备性特质正是用人单位在选拔人才时尤为重视的。

（8）获奖情况。主要包括获得优秀学生、优秀团员、优秀学生干部以及奖学金的情况，表明学习成绩和个人发展的优秀程度。

（9）兴趣爱好或自我评价。如果你的社会工作经历较少，那么可突出表现你的兴趣爱好，以展示你的品德、修养或社交能力及与人合作的能力。另外，也可以直接描述你的性格特点。性格特点与工作性质关系密切，所以用词要贴切。当然，求职者还可根据自身情况，将奖励、求职意向或自我鉴定等内容加入简历，以向用人单位提供更为充足的信息。

（二）个人简历的写作标准

个人简历应该遵循以下写作标准。

（1）简洁明了。个人简历通常很简短，一页（A4 纸）最好，两页是上限。

（2）真实客观。个人简历从头到尾要贯彻一个原则，即真实客观地描绘自己。但简历中不"注水"并不等于把自己的一切，包括缺点都写进去。实际上，不写自己的缺点并不代表说假话。简历中过分谦虚，也可能会让招聘者认为你缺乏自信。

（3）整洁清晰。用人单位看到整洁清晰的简历，就仿佛看到了求职者本人的干净利落。段落与段落、语句与语句之间写得太密，影响美观，不易阅读。要将该空格的地方留出空隙，不要硬把两页纸的内容压缩到一页纸上。

（4）准确无误。一份好的简历一定在用词上、术语上是准确无误的。撰写时要打草稿、反复修改、斟酌，在没有任何错误后，再打印出来。用人单位最不能容忍那些有很多错别字,或是在格式、排版上有技术性错误以及被折叠得皱皱巴巴、有污点的简历,这会让用人单位认为你连自己求职这样的事都不用心,那工作也不会用心。在使用文字处理软件时,可以使用拼写检查项或请你的朋友来帮助你检查可能忽略的错误。

三、其他材料

除了自荐信和个人简历之外,为了加深用人单位对自己的印象,有时毕业生还要提供其他材料。

(一)毕业生推荐表和成绩单

毕业生推荐表中有学校的评语、能否毕业推荐、培养类别及就业范围等。从学校角度出发,评语的作用,一是为对社会和用人单位负责,并考虑学校自身的影响,实事求是地反映毕业生的综合表现;二是有利于毕业生就业,评语中据实客观的描述都会突出学生的个性特点等。成绩单必须由学校教务部门盖章。毕业生可根据用人单位的需要或求职的职位对某些相关课程的要求,提供有效的成绩单。

(二)荣誉证书

荣誉证书是体现求职者综合素质的重要证明,主要包括奖学金证书、荣誉称号证书以及在重大竞赛中的获奖证书等。其中重大竞赛包括全国大学生"挑战杯"课外学术科技作品竞赛、创业大赛和各学科专业竞赛等。若求职者荣誉证书较多,建议优先选取等级较高、含金量较大的证书进行展示。

(三)技能证书

技能证书反映了求职者某一方面的能力水平,主要有外语等级证书和计算机等级证书。另外不少大学生还有驾驶证、职业资格证等。

(四)推荐信

推荐信是大学生求职过程中不可忽视的重要材料。许多知名企业和事业单位都非常重视此类推荐信,而撰写推荐信的人也深知维护自身声誉的重要性。真正的学者、教授或领域专家既不会随意出具推荐信,也不会进行不负责任的推荐。

(五)其他用人单位需要的材料

常见的其他材料包括身份证、特殊岗位政审证明等。材料准备需根据用人单位的具体要求和自荐方式区别对待。当面自荐时,建议携带完整原件资料,全面展示个人的资质、能力;邮寄材料则需精选核心证明,优先提供复印件以确保安全性。

复习与思考

1. 为顺利就业,毕业生应准备哪些求职材料?

2. 制作个人简历时应遵循哪些标准?

单元四　大学生就业途径与常见就业陷阱

学习目标

一、了解各类就业途径,能结合自身情况做出最优路径选择。

二、清晰识别求职过程中常见的陷阱类型、表现形式及防范策略,增强自我保护意识与风险规避能力。

单元导言

踏上就业的征程,犹如在浩瀚海洋中扬帆起航,找准方向与路径至关重要。本单元我们将一同探索大学生就业的多元途径,了解各种求职渠道。然而,在求职的道路上并非一帆风顺,潜藏着诸多求职陷阱,如虚假招聘等可能让毫无防备的求职者陷入困境。因此,我们将一起揭开这些陷阱的神秘面纱,以在求职之旅中避开暗礁,顺利抵达成功的彼岸,开启属于自己的职业生涯。

模块一　大学生就业途径

【案例导入】

传媒专业应届毕业生小孙通过招聘平台投递简历,顺利通过广告公司面试并正式入职,负责广告业务执行。此后,他密切关注行业发展动向,主动拓展新兴自媒体领域,在短视频平台创建个人账号,依托专业知识策划创意内容,三个月内实现粉丝量破十万,成功获得多个品牌商业合作。值得一提的是,小孙在担任文化创意产业博览会志愿者期间,其统筹协调能力受到园区管理层的关注,最终获邀入职市级创业孵化基地。这一系列经历生动诠释了当代青年突破传统就业路径,实现多维发展的可能性。

大学毕业生的就业途径,主要有直接就业、政策性就业、升学和出国留学、参军等几大类。

一、直接就业

(一)报考国家和地方公务员

随着公务员报考热的持续,每年国家和地方都会定期进行各类公务员招考工作。中央、国家机关公务员招考工作的时间较固定,报名时间一般是每年的 10 月中旬,考试时间是每年 11 月的第四个周末。各省级以下公务员招考时间尚未固定,可以通过网络查询相关信息。

(二)报考事业单位

参照公务员录用方法,近年来各级事业单位新进人员也普遍采用考试、考核相结合的办法。但与公务员录用考试相比组织形式有所变化,一般由各级人事部门负责组织报名和公共基础知识的考试工作,按比例确定入围名单,并向社会公示,接受监督。按照各级人事部门确定的入围名单,由用人单位主管部门负责组织面试和考查,然后按从高分到低分的原则,由用人单位确定录用人员名单,报人事部门备案。

(三)企业就业

企业就业主要有协议就业、劳动合同就业、灵活就业及参加供需见面会、媒介求职、自荐与他荐等形式。

(1)协议就业,指毕业生在通过"双向选择"落实用人单位后,签订用人单位、毕业生和学校主管部门三方的就业协议书,毕业时即派遣到签约单位的就业形式。一旦签订了三方协议,就意味着毕业生在毕业后到所签单位就业,学校依据协议书为毕业生办理相关派遣手续,发放由地方政府就业主管部门出具的报到证,办理户口迁移、档案转递等手续。

(2)劳动合同就业,指用人单位不与毕业生签订三方协议,而是直接签订劳动合同的就业形式。对于应届大学毕业生而言,能采取直接签订劳动合同的方式实现就业的用人单位数量很少,一般集中在中小型民营企业、个体经营企业。毕业生经过短暂实习之后,用人单位与其直接签订劳动合同。与协议就业不同,劳动合同就业的用人单位一般不直接接收毕业生的户口和档案,毕业生需要回到生源地的人社部门办理报到手续。

(3)灵活就业,指非全日制、临时性、劳务派遣、弹性工作等灵活形式的就业。在这种就业形式下,用人单位不与大学生签订协议,在大学生毕业前也不签订劳动合同,不接收毕业生的户口和档案,毕业生需要回到生源地的人社部门办理报到手续。通常一些个体企业采取灵活就业的形式。很多大学生通过灵活就业,实现了知识向能力的转化,提高了自理能力,积累了社会经验,可为实现更好的就业或自主创业做准备。

(4)参加供需见面会、媒介求职、自荐与他荐等。供需见面会又分为企业专场校园招聘会、高校组织的大型双选会及社会上的行业招聘(如电力行业统一招聘)、地市人才交流市场招聘会等形式。值得注意的是,大部分高校每年冬季至少会举办一场针对应届毕业生的大型供需双选会,这种招聘会的专业针对性强、企业集中、安全可靠、签约率高,毕业生应予以重视。媒介求职包括报纸电视等传统媒体、网络求职两种方式,以网络求职居多。自荐主要是指对于自己感兴趣的企业,在不知道其是否有空缺岗位或知道有空缺岗位但企业还没有发布人才招聘需求信息时,通过电话或邮件进行自我推荐,寻找工作机会。他荐主要是指充分利用自己的社会资源,发现自己感兴趣的工作岗位并借助人际关系等外力寻求工作机会。大学生应充分利用各种就业渠道,积极寻求就业机会,实现就业。

二、政策性就业

(一)大学生志愿服务西部计划

根据国务院常务会议精神,从 2003 年开始,团中央、教育部、财政部、人力资源和社会保障部共同组织实施大学生志愿服务西部计划,按照公开招募、自愿报名、组织选拔、集中派遣的方式,每年招募一定数量的普通高等学校应届毕业生,到西部基层从事志愿服务工作。志愿者服务期满后,鼓励扎根基层,或者自主择业和流动就业,并在升学、就业方面给予一定的政策支持。

(二)基层工作

为鼓励大学毕业生到基层就业,中共中央办公厅、国务院办公厅印发了《关于进一步引导和鼓励高校毕业生到基层工作的意见》,对引导和鼓励大学毕业生面向基层就业工作提出了明确要求和有关政策意见。优惠政策的出台,对增强西部、基层和艰苦边远地区的吸引力,激励更多的大学毕业生投身西部和艰苦边远地区起到了显著作用。

(三)"三支一扶"计划

"三支一扶"是支教、支农、支医和扶贫的简称。2006 年,中央组织部、人事部、教育部等八部门下发《中组部 人事部 教育部 财政部 农业部 卫生部 国务院扶贫办 共青团中央关于组织开展高校毕业生到农村基层从事支教、支农、支医和扶贫工作的通知》,以公开招募、自愿报名、组织选拔、统一派遣的方式,从 2006 年开始连续五年,每年招募两万名大学毕业生,主要安排到乡镇从事支教、支农、支医和扶贫工作。服务期限一般为两年,招募计划侧重于经济欠发达地区。

"三支一扶"主要包括组织招募和对大学毕业生工作期间的管理服务两方面内容。其中,组织招募有一套详细的工作流程,即每年 4 月底前,各地收集、汇总、上报乡镇一级教育、农业、卫生等基层岗位的需求信息;每年 5 月底前,各地根据下达的招募计划,采取考核或考试的方式进行公开招募;每年 7 月底前,派遣"三支一扶"大学生到服务单位报到。

(四)大学生"村官"计划

大学生"村官"是指到农村(含社区)担任村党支部书记、村委会主任助理或其他村

"两委"职务的具有大专以上学历的应届或往届大学毕业生。当前,我国大学毕业生就业形势十分严峻,大学生"村官"政策的出台在一定程度上缓解了这一形势。政府高度重视完善大学生"村官"的配套保障政策。2007 年,针对大学生"村官"的待遇制定了相关政策,明确了大学生"村官"使用专项全额拨款事业编制;享受全额拨款事业单位工资待遇,直接转正定级,薪级工资高定一级;从起薪之月起,按照有关政策规定参加当地的各项社会保险,并办理人身意外伤害保险;统一缴纳住房公积金,发放住房补贴;对符合条件的大学生"村官"给予助学贷款财政代偿等政策。

三、升学和出国留学

(一)考取研究生

在社会对人才需求高层次化的要求下,越来越多的大学生在毕业时选择考研。

(二)专升本

专升本的全称是全日制普通高等教育选拔优秀专科毕业生升入本科学习。这是一种选拔性的考试,一般在每年 6 月举行。它是由各个省单独招生的,不存在跨省招生。

专升本考试的类型主要有以下几种:普通专升本,只要考试录取,课程合格,几乎都能拿到本科毕业证和学士学位证;自考专升本,所有专升本途径中最难的一种,全国每年有 1000 多万人报自考,拿到证的不到 1/3;成考专升本,入学要通过全国统一考试,但考试相对容易,录取率较高,录取后,学习相对容易,一般都可拿到毕业证;远程教育专升本,只要具有国民教育专科学历都可入学,较为简单,但近几年来,要求必须通过教育部规定的英语和计算机基础统考,相对增加了一些难度。

(三)出国留学

近年来,出国留学成为一种潮流,很多有条件的大学生将出国留学作为就业的一种途径。申请自费出国留学的毕业生不参加就业,凭国外大学的录取通知书,在学校规定期限内提出申请,经校教务处和毕业就业管理部门审核通过后,不列入就业计划。毕业生离校时未办妥手续的,原则上将户口转至家庭所在地,继续办理出国手续。

四、参军

大学毕业生满足下列条件的,可以应征入伍。

(一)学校范围

中央部门和地方所属全日制公办普通高等学校、民办普通高等学校和独立学院的全日制普通本专科(含高职)。不包括往届毕业生及成人高等教育、高等教育自学考试类学生,各类非学历教育的学生。

(二)年龄要求

男性普通高等学校在校生为 17～22 周岁,大学毕业生放宽到 24 周岁;女性普通高等学校在校生和毕业生为 17～22 周岁。

(三)政治条件

热爱中国共产党,热爱社会主义祖国,热爱人民军队,遵纪守法,品德优良,决心为抵抗侵略、保卫祖国、保卫人民的和平而英勇奋斗等。

复习与思考

1. 简述大学生的就业途径。

2. 结合自身情况,说说你计划采用哪种就业途径。

模块二 常见就业陷阱

【案例导入】

　　大学毕业生小周在某招聘网站看到一家金融公司发布的投资顾问招聘信息,因其薪资优厚且入职要求宽松,便投递了简历。通过面试后,公司以岗前培训为由要求小周缴纳 5000 元费用,声称培训结束后将全额返还并发放补贴。尽管心存疑虑,小周仍缴纳了费用。然而,培训过程中,他发现课程内容粗浅空泛,授课讲师专业水平低下。培训结束后,公司不仅以各种理由拖延退还培训费,还强制要求新员工拓展客户资源,规定未完成指标者将被辞退,同时实际薪资待遇较招聘承诺大幅降低。至此小周才意识到,自己已陷入虚假招聘、变相收费与不合理考核的求职骗局,不仅浪费了数月时间,还蒙受了经济损失。

就业陷阱是指某些用人单位、机构或个人,利用大学生在就业市场上的弱势地位,以提供就业机会为诱饵,采用违法悖德手段,与大学生达成权利与义务不对等的各类就业意向(协议),侵害大学生合法权益的行为。刚刚离开校园、走上社会的大学毕业生,由于社会经验不足、自我保护意识差,加上求职心理迫切、就业竞争激烈,很容易被各种假象所蒙骗,因此,大学毕业生在求职时需要谨防各种就业陷阱。就业陷阱具有欺骗性、诱惑性、隐蔽性、违法性等特征。下面介绍几种常见就业陷阱。

一、招聘陷阱

有些招聘会利用毕业生就业心切的心理,借着招聘应届毕业生的名义,实质上未经有关主管部门审批,要么广告上公布的知名企业未到场,要么到场单位质量参差不齐。举办方的目的就是赚取高昂的门票费。

有的用人单位骗取学生的信息,并出卖学生的个人信息为违法之徒提供便利。更有甚者,打着招聘的幌子,逼迫毕业生做传销或做其他违法的事情。

二、黑中介陷阱

黑中介陷阱是指非法职业介绍机构以介绍工作为名义,实际上通过各种名目收取费用。它们提供的岗位信息往往与大学毕业生的需求不匹配,甚至是虚假的就业机会。这些机构的典型特点是缺乏人力资源服务许可等相关资质,并通过伪造或冒充相关资质来获取求职者的信息。

大学毕业生在寻找就业机会时,应该选择正规的招聘渠道,如大型的人才市场、官方招聘网站和大型人力资源机构,一般可以通过查询资质信息来判断相关机构的合法性。此外,还应该掌握非法机构的一般特征,如强行索要费用、诱导签订虚假合同以及提供明显不真实的工作信息。如果已经与黑中介有所接触并被要求支付费用或收集个人信息,应立即报警或向相关部门举报以及时维护自身合法权益。

三、试用期陷阱

(一)没有试用期

试用期是劳动合同的约定条款,对双方都有约束力,试用期长短应按《中华人民共和国劳动合同法》的规定在劳动合同中约定。但某些用人单位在与大学生签订劳动合同时,故意不约定试用期。当大学生感到不如意想要另谋高就时,才发现自己不能有效利用试用期拒签,丧失了本该拥有的权利,或付出惨重的代价。

(二)试用期或见习期过长

主要表现为见习期与试用期的总期限超过一年,甚至长达两年。有些用人单位以见习期的名义不签合同,且借故延长见习期。有些用人单位签的是劳动合同,书写的却为见习期。

(三)无偿试用

有些用人单位在招聘广告上列出诱人的人才引进条件,毕业生报名应聘后,便以考查学生能力为由安排其去单位试用,为企业筹备展销会、推销产品、跑腿等,待活动一结束,再以试用不合格为由辞退学生。有些用人单位则以考核毕业生为借口,不支付任何报酬,从而达到廉价甚至无偿用工的目的。

四、劳动合同陷阱

劳动合同陷阱指的是在签订劳动合同过程中,用人单位为了降低用工成本和规避用工责任,利用毕业生对劳动法规不熟悉或者处于弱势地位的情况,通过欺诈、误导和不公平条款等手段侵犯毕业生的合法权益。常见劳动合同陷阱有:拒绝签订书面劳动合同,即用人单位仅签订就业协议书，或仅以谈话、电话等口头形式约定工作相关事项；合同信息不全，即合同内容过于简单，缺少工作岗位、工作地点、工资、劳动条件、合同期限等重要信息；合同条款违法违规，即合同中包含试用期过长、未明确保险和福利待遇、无明确终止合同程序等违法违规的条款；强制或不公平的竞业限制，即对解除合同后的竞业行为限制范围过大、期限过长或补偿不合理，严重影响了毕业生的就业自由。

根据法律规定，建立劳动关系的双方应当签订书面劳动合同。在签订劳动合同之前，毕业生应该与用人单位进行认真协商，不能随意草率地签订合同。针对劳动合同的内容，毕业生应特别关注是否包含了劳动合同法规定的必备条款，如用人单位的基本情况、合同期限、工作内容和地点、工作时间和休息休假、劳动报酬、社会保险、劳动条件等信息。如果合同中存在明显缺乏法律依据或明显不合理的条款，可以及时与用人单位沟通并提出异议，要求修改或重新订立合同。

五、培训陷阱

在大学生就业过程中，部分培训机构以"高薪就业""保证就业"为噱头诱导大学生缴纳培训费用，但培训结束后却以各种理由拒绝履行就业承诺。更恶劣的是，某些培训机构与用人单位合谋欺诈大学生：学生支付高额培训费后，仅被推荐到无人问津的低薪岗位，甚至在试用期内就被无故辞退。部分用人单位还设置不合理门槛，强制要求大学生必须通过指定机构培训并考核合格方可录用，导致多数参训者无法通过考核，即便少数人被录用也往往在见习期或试用期结束时被找借口解雇。此外，一些用人单位以"单位出资培训"为由，要求大学生签订包含苛刻条款的上岗协议或劳动合同，规定必须服务满一定年限，否则需支付高额违约金，甚至存在扣押证件等违法行为。

六、收费陷阱

收费陷阱是指用人单位或中介机构利用欺诈手段向大学毕业生收取费用，如报名费、服装费、体检费、培训费、押金、岗位稳定金、资料审核费等。某些中介机构与不法用人单位勾结，先以推荐工作的名义向毕业生收取费用，但当毕业生报到时，用人单位又以各种理由拒绝毕业生上岗或中途辞退。此外，还有一些机构承诺提供高薪热门岗位给毕业生，但要求毕业生支付相关服务费用。

同学们应谨记，应聘是不需要支付任何费用的，对于那些以支付费用作为条件的招聘、面试或实习机会应保持警惕，提前核实其是否有相关法律依据支持收费。如果必须支付费用，可以要求对方提供正规发票并加盖单位公章，以便在发生纠纷时保留证据，确保自己的权益能够得到维护。

七、传销陷阱

传销是指组织者或经营者通过发展人员，要求被发展人员发展其他人员加入，对发展人员以直接或者间接滚动发展人员的数量为依据,计算和给付报酬,包括物质和其他利益的活动。传销组织往往善于利用各种手段来欺骗、控制和操纵被害人,他们通过声称自己的产品具有潜在的发财机会吸引毕业生,但他们往往无法说清产品的内容。

同学们必须明确,传销是一种违法行为。在找工作的过程中,应了解传销的基本特征,避免陷入传销的陷阱。尤其是对于那些鼓励发展下线的宣传,要保持足够的警觉,以免被诱导进入传销组织。如果不小心陷入传销组织中,首先要确保自己的人身安全,然后冷静找寻脱身机会并立即向警方报警。

复习与思考

1. 案例中的小周因招聘信息中薪资过高且要求宽松而陷入陷阱。在求职时应如何理性看待这类看似"完美"的招聘信息?

2. 当小周对培训收费产生疑虑时,若要避免后续损失,他可以采取哪些措施?

单元五　大学生应聘技巧与求职礼仪

学习目标

一、掌握笔试的方法和技巧,有效提升应试能力。

二、了解面试的内容、形式,做好面试准备,提高面试技巧。

三、掌握求职礼仪规范与细节,包括仪表仪态、言行举止等。

单元导言

在求职的竞争赛道上,应试技巧与职场礼仪如同赛道上的加速器,决定着求职者能否应聘成功。本单元将为同学们全方位解析这两大关键要素。首先,笔试是求职的第一关,我们将详细介绍笔试的主要内容、临场策略与技巧。面试则是成功就业的核心关卡,不仅需要求职者展现扎实的专业知识,还要具备出色的沟通能力、敏捷的应变能力和独特的个人魅力。我们将深入研究面试的攻略,助力同学们在面试中脱颖而出。而职场礼仪,贯穿于求职的每一个环节,同学们的仪表仪态、言行举止都在无声地诉说着你们的职业素养。掌握职场礼仪,将帮助同学们以优雅自信的姿态赢得雇主的青睐,开启辉煌的职业生涯新篇章。

模块一　笔试攻略

【案例导入】

计算机专业应届毕业生小李应聘某知名互联网企业时,顺利通过了笔试考核。此次笔试包含专业知识、逻辑推理和编程能力三大测试模块。在专业知识考核中,小李虽在 TCP/IP 协议等环节遇到挑战,但凭借扎实的知识储备最终完成测试;逻辑推理环节,因其长期坚持数理逻辑训练,成功通过测试;编程能力测试环节,他依靠实习实践经验灵活处理,顺利通过测试。最终小李以优异成绩晋级复试。

一、笔试的主要内容

就测试人的知识和能力的手段而言,笔试是一种最古老、最基本的方法,可以检测个人的文字能力、分析能力、思维能力。笔试可以是集体笔试,即在相同时间、不同地点对大批人员一起进行测试,也可以是小范围内的笔试,即对少数人在不同或相同时间内进行。前者如公务员考试,后者如某企业举行的笔试。笔试的内容涵盖很多方面,但主要有知识测试、智力测试、技能测试、心理测试等。

(一)知识测试

知识测试包括一般基础知识的测试和专业知识的测试。一般基础知识的测试要求求职者有广泛的知识面。文学、历史、地理、政治、经济、法律、哲学、数学、物理、化学、生物等方面的基础知识都应该具备。专业知识指所学专业的基础知识、基本理论、基本学习和研究方法以及与本专业相关的其他学科的基本知识等。比如,经济类专业的毕业生应该对国家的经济环境、经济政策、经济运行机制及国家政治制度、政治形势等有所了解。知识测试强调考试内容与专业的相关性和实用性,追求考用一致。

(二)智力测试

智力测试主要测验求职者的分析能力、观察能力、综合归纳能力、思维反应能力等。智力反映了人的聪敏程度、机智水平及获取知识的能力。人的智力水平越高,在事业上取得成功的机会就越大。通过智力测试可以发现有发展前途的人才。从国外的智力测试情况来看,其内容和手段越来越科学、越来越先进。通过一定的手段,可以测试求职者的空间能力、观察能力、记忆能力、归纳能力、处理人际关系的能力、领导能力等。随着我国人力管理工作的不断科学化,智力测试将更为广泛地用于人员招聘和管理工作中。

(三)技能测试

技能测试主要检测求职者处理问题的速度和效果,检验其对知识和智力运用的程度和能力。

一个人拥有知识的多少并不等同于其能力的高低。事业成功与否,主要取决于从业者是否具备这方面的能力。因此,用人单位越来越注重对求职者的能力水平,如思维能力、创造能力、组织能力、动手能力、表达能力、观察能力、社交能力、管理能力、适应能力等进行测试。当然,一个人能力高低的基础是其知识的丰富程度,但最重要的是他如何运用这些知识。因此,能力要靠平时大量的实践活动来训练。

职业能力是多种多样的,有人曾列举了120多种能力。但是最基本的有五大能力:观察能力、记忆能力、思维能力、想象能力和实际操作能力。各种各样的职业能力基本是由这五种基本能力构成的。用人单位若想招聘符合需求的求职者,通常采用职业适应性检查的方法。技能测试往往通过模拟工作来实施,如交给求职者一堆文件,看他如何详细筹划,简述要点,分析、统计、草拟报告和函呈。

(四)心理测试

心理测试主要对求职者的性格、意志、品质、职业兴趣等进行测试和分析。测试的内容和方式多样,如"内倾与外倾测试""命令与服从测试""职业兴趣表"等。以"命令与服从测试"为例,几位主考人坐在一排桌子后面,房间里除主考人用的桌椅外,别无他物。当求职者走进这间房间时,主考人对他说:"请坐下。"这时,不同性格的人会有不同的反应:或服从,眼光四处搜寻可坐之物;或忽略,主动寒暄几句,开始下面的程序;或直接问:"请问我坐在哪?"主考人从求职者不同的反应中得知求职者的观察能力、对命令的服从程度及性格类型。

二、笔试前的准备

在参加笔试之前,大学生应当有针对性地做一些准备,以便充分发挥自己的水平,取得好成绩。

(一)了解笔试内容,做到心中有数

通常情况下,笔试考核的主要内容是基础知识和专业知识,其次是与用人单位有关的某些知识。不同类型的笔试,其考核内容也会有所不同,大学生应在考前进行详细的了解,并针对不同的情况做好相应的准备。一般情况下,大学生可以通过多种渠道和方式了解用人单位历年笔试试题的内容与题型,并做一些模拟题,看看自己能否在指定时间内做完所有题目以及正确率是多少,然后分析错误原因,总结笔试经验,并针对自己的弱项进行突击练习。如果大学生实在找不到用人单位往年的笔试资料,则可以通过研究招聘职位对相关知识与技能的要求来预测笔试的题型和考核内容。

(二)熟悉笔试题型,认真进行复习

用人单位比较重视求职者对所学知识的应用能力。大学生在熟悉笔试题型之后,应根据知识考查范围进行适当的延伸复习。在复习的过程中,大学生要理论联系实际,学以致用,并对与招聘职位相关的知识进行认真梳理;要广泛阅读相关资料,扩充知识面,以便在笔试时能够应对自如。另外,为了适应笔试的题量,大学生还应训练自己快速阅读、快速思考和快速答题的能力。

实际上,在校园招聘中,企业招聘笔试试题涉及的一些基础知识及专业知识可能是大学生在课堂上学习过的。所以,大学生在参加笔试前对相关知识点进行认真复习,将有助于从容应对笔试。

(三)明确笔试要求,准备考试用具

用人单位在对求职者进行笔试时,不仅会考查求职者对基础知识和专业知识的掌握程度,还会考查其心理素质、办事效率、工作态度、修养水平和思维方式等。因此,大学生在参加笔试前要明确笔试的具体要求,领会笔试的考查目的,然后将自己的认知水平、知识水平和能力水平通过笔试较好地展示出来。

大学生在接到笔试通知之后,应根据笔试通知的要求,准备好相关的考试用具(如2B铅笔、橡皮、签字笔、计算器等)和个人证件(如身份证、学生证等)。

(四)熟悉考试环境,做到有备无患

熟悉考试环境主要是指大学生要提前了解考场的设置情况,如考场的地理位置、去考场的路线、自己座位号的具体位置等。同时,大学生还应熟悉存包处及卫生间等的具体位置,并熟记考场规则,将每场考试的起止时间、作答要求等重要事项牢记于心。

(五)确保睡眠充足,保持良好状态

参加笔试前,大学生应保持良好的生理和心理状态。大学生可以适当地参加一些文体活动,使高度紧张的大脑得到放松;要调整好心理状态,以一种乐观、健康的心态面对考试;要确保充足的睡眠,避免考试时精神不振。

三、笔试的技巧

(一)增强自信

笔试怯场大多是缺乏自信所致。大学生应对自己进行正确评价,克服自卑心理,增强自信心。大学生在笔试的过程中,不要受到同考场内其他人的影响(如有人提前交卷等),而要注意调节好自己的心理状态,不要紧张、慌张,而要相信自己一定能够答好试题。

(二)科学答卷

(1)浏览全卷。大学生在拿到笔试试卷后,首先要将试卷浏览一遍,大致了解试题的题量和难易程度,以便掌握答题的速度。

(2)先易后难。大学生应按照先易后难的顺序进行答题,即先解答相对简单的试题,后解答难题。这样可以有效避免因攻克难题而浪费太多时间,从而失去解答简单题的机会。

(3)认真审题。大学生在答题时应逐字逐句地审题,弄清题目要求,然后按要求答题。对于论述题或作文题,落笔更要慎重,切不可下笔千言、离题万里。

(4)把握主次。大学生在答题时一定要分清主次,将主要精力和时间放在重点题目和重点内容上,不要反其道而行之,否则笔试成绩必然会受到影响。

(5)融会贯通。笔试试卷中的论述题和应用题主要用于考查求职者运用所学知识分析和解决问题的能力,所以大学生在答题时要积极思考,广泛联想,将自己学过的知识与题目信息联系起来,灵活答题。

(6)字迹工整。大学生在答题时必须确保字迹清晰、卷面整洁。因为用人单位往往会通过卷面联想求职者的思想、品质、作风等。字迹潦草、卷面不整的人通常会被认为对考试不重视或态度不够端正;而那些字迹工整、答题一丝不苟的人通常会被认为态度认真、做事细致,进而被用人单位青睐。

(三)注重细节

大学生在笔试的过程中应注重细节,以端正的态度、沉稳的举止,给用人单位留下良好的印象。一般来说,大学生在笔试时应特别注重以下细节。

(1)遵守考试时间。大学生应提前到达考场,准时入场。

(2)遵守考试规则。大学生在考试过程中应遵守考试规则,服从安排,听清监考人员的说明,不做与规则和纪律相悖之事。

(3)保持安静。大学生在笔试时应避免出现诸如念念有词、把试卷弄得哗哗作响、经常移动身体或椅子、唉声叹气等行为。这些行为会使监考人员认为大学生缺乏基本的心理素质和修养,他们可能会对此进行记录并将其提供给阅卷官或面试官,从而影响大学生的考试成绩。

(4)杜绝作弊等不良现象。大学生在笔试的过程中绝对不能有作弊等不良行为,如抄袭、夹带或与旁人商量等。这些行为会让监考人员认为大学生是不诚信的人,从而将其排除在选择之外,甚至永不录用。

(5)礼貌待人。大学生入场、交卷、退场都要有礼貌,应主动向监考人员点头问好。

复习与思考

1. 大学生在笔试前应做好哪些准备?

2. 大学生笔试时有哪些技巧?

模块二 面试攻略

一、常见面试内容

面试中,招聘者通过观察、提问、交谈、测试来了解、判断求职者的修养、气质、知识水平、表达能力、应变能力、心理素质、敬业精神等,其目的是加深对求职者的了解,考察求职者是否适合他们的需要。常见的面试内容包括以下方面。

(一)个人基本情况

主要考察毕业生的个人情况。如年龄、籍贯、民族、性别、身高、健康状况;家庭主要成员及社会关系;文化程度、毕业学校、所学专业、接受过哪些培训、从事过哪些工作、参加过哪些社会活动。

(二)知识准备

主要考察毕业生的知识层次、对所学专业知识的掌握情况、专业能力、相关知识的广泛性、对实践知识的掌握程度、外语和计算机水平等。

(三)业务能力

考察求职者对专业知识了解的广度、深度以及在专业方面的实际操作能力。

(四)情商

考察求职者的人生观、价值观、敬业精神、人际关系、适应能力、处理压力的能力和自我激励的能力等。

(五)仪表形象

考察毕业生的相貌、言谈、举止和着装、礼仪等。

二、常见面试形式

面试为用人单位和求职者提供了交流的机会,能使用人单位和求职者相互了解,从而使双方更准确地做出聘用与否、受聘与否的决定。各个用人单位所采用的面试形式虽各不相同,但大致有以下几种。

(一)按主考官与求职者人数分类

(1)个体面试,即由一名主考官与一名求职者通过面对面交谈进而考察求职者的面试方式。这种形式较常见,主考官掌握面试的主动权,具有较强的主观性。

(2)小组面试,即通常由两名以上考官组成考官团队,根据已准备的各类问题,通过提问求职者而进行考察的面试形式。小组面试中一般用人单位事先确定一个主考官,主要由主考官提问,求职者回答,其他考官则充当观察者与考核者的角色,不参与提问,偶尔与主考官交流后,由主考官补充提问。比较典型的小组面试是国家公务员或事业单位考试。针对有工作经验的求职者,小组面试很可能采取不同考官连续向同一求职者发问或追问的方式。这种面试形式往往给求职者带来较大的压力。

(3)群体面试,即两名及以上的主考官面对两名及以上的求职者,通过讨论、游戏、分析案例、回答提问或发表演讲等方法,对求职者进行考察的面试形式。这种形式经常是用人单位时间紧迫或求职者人数众多时所采用,主要考察求职者的整体能力。

(二)按面试情景分类

(1)无领导小组讨论,即将一定数量的求职者组成一组,进行与工作有关问题的讨论,讨论过程中不指定领导,让求职者自行安排组织,主考官通过观察来综合评价考生之间的差别。该面试方式主要考察求职者的组织协调能力、口头表达能力、辩论、说服能力,能力和素质是否达到拟任岗位的要求,进取心、自信程度、反应灵活性、情绪稳定性等个性特点,以及是否符合拟任岗位的团体气氛。考核标准主要包括语言表达能力、逻辑思维能力、参与有效发言次数、说服他人的能力、提出见解的水平以及倾听和尊重他人意见的素养等方面。

(2)案例分析,主考官给予求职者与工作相关的实际案例并给出一定要求,由求职者提出解决方案的面试形式。

(3)分角色小组讨论,即一定数量的求职者按拟任岗位,模拟扮演不同角色,要求通过团体协作完成团体目标的面试形式。

(4)"文件筐"测验,即由求职者扮演某一领导角色,在规定时间内负责处理各类信件、通知、下级报告与上级指示等,以测评求职者综合能力的面试形式。

(5)模拟面谈,即求职者以拟任岗位的身份,与主考官所指定一名遵循标准化行为的助手进行面谈,主考官通过求职者在面谈中的反应对其进行评价的面试形式。

三、面试前的准备

面试时的一些细节和求职者的瞬间表现,往往能决定他能否求职成功。为了在面试过程中将自己最完美的一面充分展示,将个人的专业知识、人格、气质及临场应变能力完美展现,求职者必须在面试前做好充分准备。

(一)深入了解用人单位和职位

大学生在参加面试之前,可以通过网络、杂志、报纸及用人单位的内部宣传资料等来了解用人单位。了解的具体内容应包括用人单位的性质、规模、业务范围、组织机构、经营状况、发展前景和信誉状况,以及招聘职位的性质、工作内容、主要职责和任职要求等。大学生若对用人单位一无所知或知之甚少,则容易在面试时处于被动地位,从而影响面试成绩。

(二)认真准备材料

在面试前,大学生应认真准备好参加面试需要的各种材料,如求职信、个人简历、成绩单、实习证明、毕业证书及其他相关材料。此外,大学生应在正式参加面试之前反复检查所准备的材料,以免错拿或漏拿。大学生还要注意将这些材料整理好,以便查找和取用。

(三)进行面试技巧训练

大学生普遍缺乏面试经验,所以在面试前有必要进行一些面试技巧训练,包括学习聆听、锻炼答题思维、学习沉着应对、学习有条理地答题、学习合理地着装、练习礼仪等。大学生可以通过参加学校组织的就业指导课或讲座、阅读面试方面的书籍、模拟面试等方式进行训练。

(四)准备自我介绍

自我介绍是求职者向主考官推荐自己的宝贵机会,大学生一定要好好珍惜这个机会。大学生应合理安排自我介绍的时长和内容,并突出重点内容,这样才能取得良好的面试效果。

自我介绍的时长一般为3分钟,有些用人单位规定自我介绍的时长为1分钟。大学生在进行自我介绍时,可以先说明个人基本情况,再谈一下自己的社会实践经历或工作经历,最后谈一下自己对所应聘职位的看法。

(五)调整面试状态

在参加面试之前,大学生应适当放松,调整自己的生活规律,保证充足的休息时间,确保以饱满的精神状态参加面试。

此外,大学生应提前熟悉去往面试地点的路线,确保自己能够提前 10 分钟到达面试地点。如果出现意外情况,不能按时参加面试,大学生应提前通知用人单位,说明自己不能按时参加面试的原因,并询问下一次面试的时间。

四、面试技巧

(一)冷静思考,厘清思路

一般来说,面试官提出问题后,求职者应稍做思考,不必急于回答。即便是面试官所提问题与你事前准备的题目有相似性,也不要在面试官话音一落时,立即答题,因为那样给人的感觉可能是你不是在用脑答题,而是在背事先准备好的答案。如果是以前完全没有接触过的题目,则更要冷静思考。磨刀不误砍柴工,匆忙答题可能会不对路或是没有条理性、眉毛胡子一把抓,经过思考,厘清思路后抓住要点、层次分明地答题,效果要好很多。

(二)面试中忌不良用语

(1)急问待遇。谈论报酬待遇无可厚非,只是要看准时机,一般在双方已有初步意向时,再委婉地提出。

(2)说有熟人。"我认识你们单位的××。""我和××是同学,关系很不错。"这种话面试官听了会反感,如果面试官与你所说的那个人关系不怎么好,甚至有矛盾,可能导致面试失败。

(3)不当反问。面试官问:"关于工资,你的期望值是多少?"求职者反问:"你打算出多少?"这样的反问很不礼貌,容易引起面试官的不快。

(4)与事实不符。面试官问:"请你告诉我一次失败的经历。"答:"我想不起我曾经失败过。"如果这样说,与事实不符。又如,问:"你有何优缺点?"答:"我可以胜任一切工作。"这也不符合实际。

(5)本末倒置。例如,一次面试快要结束时,面试官问求职者:"请问你有什么问题要问我们吗?"这位求职者欠了欠身,开始了他的提问:"请问你们的单位有多大? 招考比例有多少? 请问你们在单位担当什么职务? 你们会是我的上司吗?"参加面试,一定要把自己的位置摆正,不能像这位求职者,提出的问题已经超出了应当提问的范围,使面试官反感。

(三)摆正自己的位置

求职者始终处于被动地位,面试官始终处于主动地位。他问你答,一问一答,正因为如此,求职者要注意摆正自己的位置。

首先,要尊重对方,对面试官要有礼貌,尤其是当面试官提出一些难以回答的问题时,求职者脸上不要露出难看的表情,甚至抱怨面试官。当然,尊重对方并不是要一味地逢迎对方,而是对他人格上的尊重。

其次,在面试中不要一味地提到"我"的水平、"我"的学识、"我"的文凭、"我"的抱负、"我"的要求等。"我"字太多,会给面试官一种目中无人的感觉。因此,要尽量减少"我"字,要尽可能地把对方单位摆进去。"贵单位向来重视人才,这一点大家都是清楚的,这次这么多人来竞争就说明了这一点。"这种话既得体,又确立了强烈的对方意识,很受面试官欢迎。

最后,面试官提问,你才回答,不要面试官还没有提问,你就先谈开了,使面试官要等你停下来才提问,既耽误了时间,同时也会给人带来不快。另外,面试后,千万不要忘记向面试官道声"谢谢"和"再见"。

(四)面试后的工作

面试前的准备和面试过程都非常重要,而面试后的工作同样不容忽视。面试后的积极主动有时可以扭转不利局面,重获机会。

1. 表达谢意

在面试后的一两天,求职者可以给某个面试负责人发一封电子邮件,感谢对方为招聘所花费的精力、时间以及提供的各种信息,简单地谈到你对企业的兴趣以及可以帮助他们解决的一些问题。

2. 实地考察,创造实习机会

如果求职者对所应聘岗位非常向往,除了可以通过写邮件、打电话的方式与用人单位联系外,还可以主动创造机会,争取去用人单位实地考察,甚至想办法参加岗位实习。这样,不仅得到了一个了解用人单位、熟悉工作岗位的有利机会,还有利于用人单位进一步了解你。实习中,要尊重领导、同事,为人真诚、虚心;要遵守单位的各项规章制度;工作上要踏踏实实、联系实际、学以致用,充分展示自己的专业能力,或表现出自己在工作中适应快、提高快的特点,以此获得对方的信任,争取被录用。

复习与思考

在面试中,当被问到"请谈谈你的缺点"时,应如何巧妙作答,既真诚又能展现自我反思和改进的能力,同时避免因回答不当而影响面试结果?

模块三　求职礼仪

【案例导入】

市场营销专业毕业生小张在获得大型企业面试通知后,精心准备了求职礼仪。面试当天,他身着剪裁得体的深色西装、笔挺的白衬衫并佩戴深色领带,皮鞋擦得锃亮。提前到达面试地点后,他始终保持着端正的坐姿候场。进入面试室时,他主动敲门致意,与面试官微笑交流,经允许后方才坐下,全程双手自然垂放于膝上。

面试过程中,小张始终保持专注倾听状态,回答问题时逻辑清晰、措辞得体。展示作品时双手递送。面试结束时起身鞠躬致谢,轻声扶正座椅后安静离场。凭借扎实的专业能力和得体的礼仪表现,小张从众多竞争者中脱颖而出,最终成功入职。

与此形成鲜明对比的是同专业毕业生小王。参加企业面试时,小王身着褶皱明显的衬衫搭配牛仔裤和运动鞋,发型蓬乱未加打理。进入面试室时未敲门便径直闯入,未作任何问候便随意落座。面对提问时,小王眼神飘忽,回答敷衍且频繁使用口头禅,甚至多次打断面试官发言。面试结束离场时,小王匆匆起身,椅子发出很大的声响。不出所料,小王最终未被录用。

这两则案例生动展现了求职礼仪的关键作用:从着装仪态到言行举止的每个细节,都在无声传递着求职者的职业素养,直接影响用人单位对求职者的综合评估。

一、仪容礼仪

仪容指容貌、举止、仪表。一个人的仪表、仪态是其修养、文明程度的表现。

对于求职者来说,给人留下的第一印象是很重要的,所以我们要注意着装的规范。面试时,毕业生应该穿戴得体,整洁大方,颜色以深色为主,给人以踏实感,避免穿戴夸张的时装。值得强调的是,求职者的着装应尽量与用人单位的企业文化相称,给人的第一印象就是感觉你很适合在这家企业工作。

不管是男士还是女士,在应聘时都要注意修饰一些细节。出门前先仔细检查自己的整体仪容,扣子、拉链是否扣好、拉好,衣缝及袖口是否有破损或褶皱,鞋子是否干净整洁。另外,还要注意个人卫生,除了脸部清洁外还要特别注意耳朵、脖子等部位的清洁和指甲的修剪。具体来说,大学生求职应注意以下仪容礼仪。

1. 着装合适

如果应聘的是传统行业的职位,如金融、法律类的职位,建议毕业生着正装,颜色选择黑、深蓝、深灰等深色系,显得稳重、专业。如果应聘的是创意设计类职位,着装在保持整洁的基础上可以展现一些个性。

(1)女性求职者在面试时着装应大方得体,整体风格以简洁素雅为佳。妆容方面,无论参加何种类型的面试都应化淡妆,避免浓艳。配饰搭配需简约,切忌佩戴造型夸张或过于闪亮的耳环、耳钉等首饰。服装选择上,应避免穿着短裙、薄透面料或紧身衣物,同时裙装长度需适中,既不过短也不过长。鞋履方面,可根据身高选择适合高度的高跟鞋,但应避免露趾凉鞋等不够庄重的款式。

(2)男性求职者的着装以西装为宜。头发一定不要太长。胡须要刮干净。袜子的颜色最好配合西装的颜色。

2. 姿势要端正

入座后保持挺胸抬头,不要弯腰驼背或者跷二郎腿。站立时,双脚平稳,双手自然下垂或者放在身前,给人以自信、积极的感觉。走路姿势要自然大方,步幅要适中。

二、沟通礼仪

1. 语言文明

使用礼貌用语,如"请""谢谢""对不起"等。说话时语速适中、吐字清晰,避免使用口头禅。

2. 眼神交流

与面试官交谈时,眼神要自然地注视对方,不要东张西望或者眼神游离,这能体现你的专注和尊重。

3. 积极倾听

面试官说话时要认真倾听,适当点头表示理解,不要随意打断对方讲话。

三、面试礼仪

在面试过程中,需要注意以下几点。

1. 提前到达应试地点

迟到或匆忙赶到是面试的大忌。求职者一旦在面试中迟到,无论理由多么充分,都会严重损害考官对其的第一印象——迟到不仅让人质疑求职者对岗位的重视程度,更可能被解读为行事散漫、缺乏自我约束能力,甚至暗示其职业诚信存在问题。即便求职者能提供合理解释,考官仍会担忧求职者在未来工作中能否恪守时间规范。这种行为实质上反映出求职者对他人和自我的不尊重,会影响个人职业形象的塑造。

2. 进入面试场所时要敲门

进入面试场所时,如果房门敞开,应首先向室内的考官点头致意;如果房门紧闭或虚掩,应有节奏、有力度地在门上轻敲两三下,得到允许后再进入。

3. 在与面试官交谈时要诚恳热情、落落大方、谨慎多思

在面试时,求职者应该把自己的自信和热情"写"在脸上,同时表现出对这份工作的期待和诚意。在应答时应表现得从容镇定、不慌不忙、有问必答,切忌信口开河、夸夸其谈、文不对题、言不及义。

4. 在聆听面试官提问或介绍情况时专注有礼、有所反应

当面试官提问或介绍情况时,求职者应该注视面试官或者不时地通过表情、手势、点头等表示专注聆听,并且在倾听时要仔细、认真地品味面试官话语中的言外之意、弦外之音,以便正确判断他的真正意图。

5. 在应答时语速要适度

求职者参加面试时说话速度太快,容易给人以慌张失措之感。如果面试接近尾声时语速过快会显得你急于结束面试,在面试者看来,这是不耐烦和没有诚意的表现。但说话速度太慢,容易给人以傲慢无礼之感。如果一直这样,面试官会觉得你不尊重对方,并故意摆出老成持重的样子,显得没有诚意。另外,语速过慢会给人以思维能力差、反应能力差的印象,这显然对应聘不利。

6. 不对应聘单位妄加评论

很多用人单位会在面试中提出类似的问题:"你觉得我们单位如何?""你可以根据自己所见所闻对我们单位提出建议吗?"千万不要因为面试官表情殷切、态度和蔼、眼神中充满期待就认为这是你表现自己的大好时机从而妄加评论。招聘单位所有的问题都是本着尽可能全面地考察你的目的来设置的,他们想知道的是你的思维能力、应变能力和做事态度等,其实答案并不太重要。但是,如果你的答案太有"个性",就会犯错。对用人单位妄加评论,说明你狂妄自大、自制力差、经不起诱惑,同时说明你忘记了最基本的礼仪——尊重。

7. 面试结束时,表示感谢并耐心等候

不论是否被录取,或者只是得到一个模棱两可的答复,求职者都应礼貌相待,对面试官抽出宝贵时间与自己见面表示感谢,表示期待有进一步面谈的机会。最后求职者应与面试官握手道别。

复习与思考

1. 求职过程中应注意哪些礼仪?
2. 假如你在面试过程中遇到一位傲慢无礼的面试官,你会怎样做?

单元六 保障就业权益

学习目标

一、明晰大学毕业生在就业过程中所享有的各项权益与应承担的各项义务,增强自我权益保护意识。

二、熟悉就业协议书和劳动合同签订的相关内容。

三、了解大学毕业生就业过程中的违约责任、劳动争议及处理方式,提高风险防范能力与纠纷解决能力。

单元导言

就业权益是大学毕业生在求职过程中享有的各项权益的统称,也是大学毕业生权益的重要部分。大学毕业生刚步入社会,难免会遇到一些就业问题,遭受挫折,甚或就业权益被侵害。因此,就业权益的保护在大学毕业生就业过程中尤为重要。在本单元,我们将了解大学毕业生的就业权益和义务,熟悉就业协议书和劳动合同签订的相关内容,知悉违约责任和劳动争议的解决等内容,有效保障大学毕业生的合法权益。

模块一 大学毕业生的就业权益

一、就业权益

(一)平等就业权

这是大学毕业生最基本的就业权益之一。在法律面前,所有大学毕业生都应被平等对待,性别、种族、民族、宗教信仰等因素都不应成为就业歧视的理由。例如,在招聘过程中,用人单位不能因为求职者是女性就拒绝录用,或者因为求职者的宗教信仰而拒绝录用。

同时,平等就业权还体现在工资待遇、职业晋升等方面。相同岗位的大学毕业生应获得相同的劳动报酬和公平的晋升机会。

(二)自主择业权

大学毕业生有权根据自己的专业、兴趣、特长和职业生涯规划来选择职业和单位。他们可以自由地在不同的行业、企业和岗位之间进行比较和筛选。比如,一名计算机专业的学生既可以选择进入互联网公司从事软件开发工作,也可以考虑去金融机构负责信息系统维护。学校、家庭或者其他机构不能强制大学毕业生选择特定的职业,并且大学毕业生有权拒绝任何形式的包办就业。

(三)获取信息权

大学毕业生有权从高校、政府就业服务机构、用人单位及其他合法渠道获取真实、全面、及时的就业信息,包括招聘岗位的要求、工作内容、薪资待遇、职业发展路径、用人单位的基本情况等。高校有责任通过就业指导中心网站、校园招聘会信息发布平台等为学生提供各类就业信息,并确保信息的准确性和时效性。用人单位在发布招聘信息时,不得故意隐瞒关键信息或提供虚假信息误导大学毕业生。

(四)接受就业指导权

高校应设立专门的就业指导课程,提供咨询服务,为大学毕业生提供职业生涯规划、简历制作、面试技巧、职场礼仪等方面的指导。大学毕业生有权免费参加这些课程和活动,获取专业教师和就业专家的建议与帮助,提升自身就业能力和职业素养。例如,高校应定期举办职业生涯规划讲座、简历修改工作坊、模拟面试活动等,帮助大学毕业生更好地适应就业市场需求。

(五)知情权

大学毕业生在求职过程中有权全面了解用人单位的情况,包括用人单位的性质、规模、业务范围、企业文化、工作环境、劳动条件、劳动报酬、福利待遇、职业发展前景等诸多方面。例如,大学毕业生有权知道工作岗位是否需要经常加班、是否有完善的培训体系、企业的组织架构以及自己未来的晋升渠道等信息。大学毕业生可以通过多种方式获取这些信息,如参加企业宣讲会、查阅企业官方网站、向在该企业工作的人员咨询等。

(六)公平竞争权

用人单位在招聘时应该提供公平竞争的环境。这意味着招聘流程应该公正、透明,对所有求职者都一视同仁。招聘考试的内容和标准应当合理,且提前向求职者公开。比如,在笔试环节,考试范围和题型应该是根据岗位要求合理设定的,并且所有参加考试的大学毕业生都应该在相同的时间限制和条件下答题。在面试环节,面试官的提问和评价标准也应该是客观公正的,不能对某些求职者存在偏见或者给予特殊照顾。

(七)获取劳动报酬权

大学毕业生一旦被录用并开始工作,就有权获得相应的劳动报酬。劳动报酬可以采用工资、奖金、津贴等多种形式。报酬的数额应该符合国家法律法规的规定和双方的劳动合同约定。企业不能无故拖欠或者克扣大学毕业生的工资,并且工资水平应该不低于当地的最低工资标准。同时,对于加班工作的情况,大学毕业生有权按照国家规定或者劳动合同约定获得相应的加班工资。

(八)违约求偿权

如果大学毕业生与用人单位签订就业协议后,用人单位因自身原因违约,大学毕业生有权要求用人单位承担违约责任,赔偿相应的经济损失和精神损害。例如,用人单位在协议签订后无故取消录用通知,大学毕业生可依据就业协议中的违约条款,要求用人单位支付违约金,并赔偿因失去该就业机会而产生的额外费用,如重新求职的交通、住宿费用等。

(九)休息休假权

大学毕业生在工作期间享有休息休假的权利,包括正常的工作日之间的休息、每周的公休日、法定节假日、年假、病假、婚假、产假等各类休假。用人单位不能要求大学毕业生连续长时间工作而不给予适当的休息时间,并且在员工休年假或者病假期间,不能以任何不合理的方式扣减工资或者给予其他不公平的待遇。

(十)劳动安全卫生保护权

用人单位有责任为大学毕业生提供安全、卫生的工作环境和必要的劳动保护措施,包括确保工作场所的建筑物安全、设备设施正常运行、提供必要的防护用品等。例如,对于在工厂车间工作的大学毕业生,企业应该提供安全帽、防护手套等安全防护用品,并且要对机器设备定期进行安全检查,防止发生安全事故。对于在办公室工作的大学毕业生,企业也应该提供符合人体工程学的办公设备,以保障员工的身体健康。

(十一)接受职业技能培训权

为了适应工作岗位的要求和提升自身职业能力,大学毕业生有权接受用人单位提供的职业技能培训。培训内容包括专业知识更新、工作技能提升、管理能力培养等多个方面。例如,一家软件公司为新入职的大学毕业生提供定期的编程技术培训,帮助他们掌握最新的软件开发工具和方法;一家销售公司为新入职的大学毕业生提供销售技巧和客户关系管理方面的培训。

(十二)享受社会保险和福利权益

大学毕业生作为劳动者,有权享受社会保险和福利。社会保险包括养老保险、医疗保险、失业保险、工伤保险和生育保险。这些保险保障劳动者在年老、疾病、失业、工伤和生育等情况下能够获得基本的经济补偿和社会救助。同时,福利可以包括住房公积金、企业年金、补充医疗保险、带薪休假、节日福利等多种形式。例如,企业应该按照国家规定为员工缴纳住房公积金,并且可以根据自身情况提供一些额外的福利,如为员工提供免费的工作餐、定期的健康体检等。

(十三)提请劳动争议处理权

大学毕业生如果在就业过程中与用人单位发生劳动争议,有权依法提请劳动争议处理。这可以通过协商、调解、仲裁或者诉讼等多种方式来解决。例如,当大学毕业生认为自己的工资被无故克扣或者在职业晋升过程中受到不公平对待时,可以首先尝试与用人单位进行协商解决;如果协商无果,可以向企业内部的劳动争议调解委员会申请调解,或者向当地的劳动争议仲裁机构申请仲裁,甚至可以向人民法院提起诉讼。

二、就业义务

(一)如实告知

大学毕业生在求职过程中应该如实向用人单位告知自己的基本情况,包括个人信息、学历、专业技能、工作经历、奖惩情况等,不能故意隐瞒或者虚构重要信息。例如,在简历制作和面试过程中,不能虚报自己的学习成绩、夸大自己的工作经验或者伪造获奖证书等。因为这些不实信息一旦被发现,可能会被用人单位解除劳动合同,并且可能会对大学毕业生自身的声誉和未来的就业产生负面影响。

(二)遵守单位规章制度

大学毕业生被录用后,必须遵守用人单位的各项规章制度。这些规章制度是用人单位为了保证正常的生产经营秩序和工作纪律而制定的。比如,遵守工作时间,按时上下班;遵守请假制度,按照规定的程序请假;遵守保密制度,不泄露企业的商业秘密和客户信息;遵守工作场所的行为规范,如着装要求、办公秩序。如果违反了单位的规章制度,可能会受到批评教育、警告、罚款、解除劳动合同等不同程度的处罚。

(三)保守用人单位的商业秘密

在实习、就业过程中,大学毕业生可能会接触用人单位的商业秘密、技术秘密和内部管理信息。大学毕业生有义务保守这些秘密,不得泄露给第三方。即使在离职后,仍需遵守保密协议的约定,维护用人单位的合法权益。例如,不得将企业的产品研发计划、客户名单、营销策略等敏感信息透露给竞争对手或用于个人私利。

(四)履行劳动义务

大学毕业生在正式入职后,应按照用人单位的要求,认真履行工作职责,遵守劳动纪律,按时完成工作任务,保证工作质量。积极参加用人单位组织的培训和学习活动,不断提升自身业务能力,为用人单位的发展贡献力量。同时,应遵守用人单位的各项规章制度,如考勤制度、安全卫生制度等。

(五)敬业和忠诚义务

大学毕业生应该以敬业的态度对待工作,认真履行自己的工作职责,努力完成工作任务,不断提高工作质量和工作效率。要对工作充满热情,积极主动地为单位的发展做出贡献。同时,还要保持对用人单位的忠诚。不能在工作期间从事与本单位有利益冲突的活动,如为竞争对手提供服务、泄露企业机密等。并且在没有特殊情况下,不能随意跳槽,应该按照劳动合同的约定履行自己的工作期限。

复习与思考

假设你在求职过程中,发现某用人单位以你是女生为由,拒绝给予你面试机会,你认为该用人单位侵犯了你哪些就业权益? 你打算如何维护自己的权益?

模块二　就业协议与劳动合同

【案例导入】

毕业生小林应聘某广告公司的工作,在签订劳动合同时发现存在以下问题:工作时长规定模糊、未明确加班工资计算方式,且公司要求缴纳高额"培训保证金"(条款注明员工一年内离职将予以没收)。小林随即向母校就业指导中心求助,指导老师依据《中华人民共和国劳动合同法》指出相关条款涉嫌违法。在学校老师指导下,小林据理力争并以向劳动监察部门投诉为筹码,最终促使公司修改合同条款:明确工作时长标准、细化加班费计算方式,并取消了"培训保证金"条款,成功维护了自身合法权益。

一、就业协议书

就业协议书是全国普通高等学校毕业生就业协议书的简称,也叫"三方协议",是为明确毕业生、用人单位、毕业生所在学校三方在毕业生就业工作中的权利和义务,经协商签订的协议。就业协议书也是学校派遣毕业生的依据,在学生毕业离校前,学校将根据就业协议书的内容开具毕业生就业报到证和户口迁移证,同时转递学生档案。如果毕业生未签订就业协议书,学校将把其就业关系和档案转递回原籍。每位毕业生都拥有唯一编号的就业协议书,实行编号管理。

(一)就业协议书的作用

就业协议书是毕业生与用人单位建立就业关系的正式凭证,也是学生毕业后到相关部门办理就业报到手续的必备材料之一,因此,毕业生必须妥善保管就业协议书。

就业协议书是大学毕业生与用人单位确立劳动关系的协议,实质上是劳动合同的一种特殊表现形式,因此签约一定要慎重。

就业协议书一旦签署,就意味着大学毕业生的第一份工作基本确定,因此,大学毕业生要特别注意签约事项。大学毕业生签就业协议书前,要认真查看用人单位的隶属,国家机关、事业单位、国有企业一般都有人事接收权。民营企业、外资企业则需要经过人事局或人才交流中心的审批才能招收员工,就业协议书上要签署他们的意见才能有效。大学毕业生还要对不同地方人事主管部门的特殊规定有所了解。

(二)签订就业协议书的注意事项

(1)签协议前,毕业生要全方位地了解用人单位的相关情况,如企业的发展趋势,企业招聘的岗位性质,企业的员工培养制度、待遇状况、福利项目,不但要掌握资料、实地考察,还要重点了解单位的人事状况,了解企业是否具有应届毕业生的接收权。

(2)毕业生在签约时要按照正常程序进行。毕业生持用人单位的接收函到院系领取就业协议书,先由毕业生、院系在协议书上签署意见后交给用人单位,由用人单位签署意见后再交给学校,学校签字后纳入就业计划,协议书生效。

(3)签订协议书时,一定要认真、真实地填写协议书内容。如果报考了研究生考试或准备出国,应事先向用人单位说明,并在协议书中注明。以往有毕业生向用人单位隐瞒这些情况,而后遭到违约处理。

(4)毕业生在签约时也要考虑对自身权益的保护。协议具有双向约定的作用。如果有需要双方承诺的内容,一定要在协议书或补充协议上加以说明。就业协议书中可以规定违约金的数额,现行规定的上限是12个月的工资总和。

(5)毕业生在签约时一定要注意条款的合理性。我国的劳动法明确规定,用人单位不得以任何理由向劳动者收取押金、保证金等,禁止以此作为录用的决定条件。

(6)毕业生、用人单位双方都不得单方面拖延签约周期。毕业生遇到问题犹豫不决时,最好能够及时咨询学校就业部门的负责老师,征求他们的意见。

(7)签订就业协议书后,一定要签正式的劳动合同。正式的劳动合同可能在学生毕业前签订、毕业后生效,也可能在学生毕业后签订、立即生效。就业协议书一般会在劳动合同生效时终止效力。

(三)就业协议书的签订程序

(1)毕业生到所在学院领取具有唯一编号的就业协议书原件,认真、如实填写,经学院审查后签署意见,加盖学院公章。

(2)毕业生与用人单位双向选择、洽谈。毕业生要全面了解用人单位基本情况及接收毕业生的基本条件和要求,如实向用人单位介绍自己。

(3)毕业生与用人单位充分协商达成一致意见后,签订就业协议书,并由用人单位签字、盖章。如有其他约定,以文字方式在协议"备注"栏注明。用人单位上级主管部门意见视用人单位性质、隶属关系等因素,须加盖相应人事主管部门公章或另附接收函(批)件。双方签好的协议由用人单位或学生本人返给学院或学校就业指导中心。

(4)学校就业指导中心汇总协议,审查合格后,加盖学校就业主管部门(即就业指导中心)公章。其中一份给用人单位,一份返给毕业生本人,一份学校备案,一份由学校报省教育厅或省人社厅。

(四)签订就业协议书时常遇到的问题

1. 签"保底协议"出现违约

就业协议书是明确毕业生、用人单位、学校在毕业生就业中的权利和义务关系的法律文书。因为就业协议书在三方共同签署后即生效,是一个民事合同行为,对签约三方均有合同的约束力,所以在签订协议之前一定要三思。毕业生在签订三方协议前要熟悉就业的有关法律法规和政策,清楚用人单位的情况和自己的权利、义务,认识到违约行为会损害自己乃至学校的诚信度,应慎重。

对于签订"保底协议",许多毕业生认为这种做法不是不讲诚信,而是双向选择。这种认识其实是完全错误的。草率地和用人单位签订协议是危险的,毕业生和用人单位签的就业协议书不是一张废纸,而具备相应的法律效力,不能轻易反悔,否则要承担违约责任;如果给用人单位造成损失,还必须承担损害赔偿责任。所以,毕业生在签约前一定要慎重。毕业生在遭遇用人单位违约的时候要依法维护自己的利益,及时调整心态,寻找别的工作机会,学校应帮毕业生维权。

学校应利用自己在资金、设备、信息等方面的优势帮助毕业生了解用人单位的有关情况,防止毕业生上当受骗。毕业生违约会导致用人单位对学校整体信誉产生负面印象,可能会对其他毕业生就业产生不良影响;而用人单位违约会损害学生的利益,也给学校的就业指导工作带来困难。因此,学校一定要处理好毕业生就业协议书的签订工作。毕业生应当遵守诚信原则,不可随意违约或与多家用人单位签订就业协议书。

为避免到用人单位报到后发生纠纷,签约前达成的收入、住房和保险等福利待遇最好在就业协议书的"备注栏"中注明。如做不到这一点,毕业生应注意报到后及时和用人单位签订劳动合同。为保险起见,可在签订就业协议书时了解劳动合同的内容,尤其是工作年限和待遇,毕业生应向招聘人员索要样本或复印件,如发生纠纷可以作为维权依据。

2. 可否要求换发未经学校盖章的就业协议书

教育部明确规定,学校要完善相应的管理措施,与用人单位和毕业生一起维护就业协议书的严肃性。毕业生一旦与用人单位签订就业协议书,双方就已构成契约关系(不论是否经学校盖章),毕业生如要终止与原签约单位的协议,必须办理解除协议的相关手续。

3. 就业协议书签订时可先由学校盖章

若用人单位提出,希望学校先盖章,学生需要出具用人单位接收函(可用传真件)及个人申请。

4. 签订就业协议书后更换就业单位

毕业生如果由于个人原因不能履行就业协议书的内容,须与原签约单位做好解释、协商工作,征得原单位书面同意后(可在原就业协议书上注明同意解除,签字并盖章),可向学校就业指导机构递交申请(院系盖章),申请中写明原因,并附原单位同意解除协议的书面文件,经批准并登记后交回旧协议书,领取新的协议书,再重新办理相关签约手续。

5. 毕业生到用人单位需要办理哪些报到手续

毕业生到用人单位报到须持就业报到证、毕业证、户口迁移证、党(团)关系介绍信、毕业生档案(由校学生处学生档案室通过机要局邮寄)。毕业生持以上证件到单位报到后,还要及时办理落户手续(由个人或用人单位办理),询问用人单位是否已收到个人档案并和用人单位签订劳动合同。

6. 升学的学生在接到录取通知前签约

毕业生如果可能继续深造,应提前对用人单位实话实说。征得单位同意后,签订就业协议书时须再签订一份附加协议以说明情况,并报告学校。否则,按违约处理。

7. 升学学生接到录取通知书后放弃升学

升学学生接到录取通知书后,如果要放弃升学,选择直接就业,务必在省人社厅或省教育厅规定的可办理报到证的时限内,向学校就业指导中心提出申请,由就业指导中心向省人社厅或省教育厅申请,方可办理报到证。

二、劳动合同制度

大学毕业生经过努力落实了工作或与用人单位确定了工作意向,并不意味着完成了就业。对于初涉职场的大学毕业生来说,就业之前还有一个关键环节,就是与用人单位签订劳动合同,它是劳动者合法权益得到有力保障的重要措施之一。

(一)什么是劳动合同

《中华人民共和国劳动法》第十六条规定:"劳动合同是劳动者与用人单位确立劳动关系、明确双方权利和义务的协议。"劳动合同按照不同的标准可分为不同的种类。以合同的目的为标准,分为聘用合同、录用合同、借调合同、停薪留职合同;按照有效期限的不同,分为有固定期限的合同、无固定期限的合同和以完成一定的工作为期限的劳动合同;按照劳动者人数不同,分为个人劳动合同和集体劳动合同。

(二)劳动合同的订立、履行、变更、解除和终止

《中华人民共和国劳动法》规定,劳动合同应当以书面形式订立。劳动合同的书面形式有主件与附件之分。主件即为劳动合同书;附件一般指劳动合同的补充协议,如岗位协议书、专项劳动协议书、用人单位依法制定的内部劳动规则等。

1. 劳动合同的订立原则

《中华人民共和国劳动法》第十七条规定："订立和变更劳动合同，应当遵循平等自愿、协商一致的原则，不得违反法律、行政法规的规定。"根据这一规定，订立劳动合同必须遵循下列原则。

（1）合法性原则。劳动合同的订立必须遵守国家的宪法和法律法规，不得违反法律、行政法规的规定。

【案例】

利用假文凭求职签订劳动合同无效

2020年3月，大学生小李由于多门功课不及格，无法按时拿到毕业证和学位证书，于是他通过非法渠道购买了伪造的某大学毕业证和学位证书。在通过一系列的笔试、面试后，小李被一公司录用。双方签订了三年的劳动合同，约定试用期为三个月。在合同履行三个月后，公司在为小李调取档案并办理医疗保险、失业保险、养老保险时，发现小李的毕业证和学位证书系伪造，遂通知小李立即解除劳动合同。小李不服向当地劳动争议仲裁委员会提出申诉，要求确定劳动合同有效，并要求公司支付解除合同的经济补偿金。当地劳动争议仲裁委员会裁决申诉人小李的申诉请求不予支持，视双方签订的劳动合同无效，小李要求公司经济补偿的要求无法律依据，故也不能得到支持。

【法律分析】劳动合同作为合同的一种，首先应该是签约双方真实意思表示一致的协议。求职者使用假文凭求职，致使用人单位对事实进行错误的判断，录用了该毕业生，公司的录用行为不是一种真实意思的表示。小李为了追求自己的利益，违背诚实信用的基本原则，侵犯了公司合法权益，其行为构成欺诈。小李采取欺诈手段与公司订立的劳动合同，属于无效合同。

（2）平等自愿、协商一致的原则。平等是指订立劳动合同过程中，双方当事人的法律地位平等。毕业生和用人单位在自愿的基础上订立劳动合同，任何一方不得将自己的意志强加于对方，也不允许第三者非法干预。

【案例】

强迫毕业生续订的劳动合同无效

2022年5月，毕业生小黄与某企业签订了为期两年的劳动合同。合同履行期间，企业为了上新项目派小黄到香港地区培训半年，并且双方约定，培训期间劳动合同继续有效，培训时间计入劳动合同履行期内。2024年5月，合同期满，但企业不同意办理小黄解除劳动关系的手续，要求小黄必须续订劳动合同，否则公司要求小黄赔偿为其支付的培训费6万元，为此双方发生纠纷。小黄向当地劳动仲裁部门提出仲裁申请，经过调解，企业同意与小黄解除劳动关系，并自动放弃收取培训费的要求。

【法律分析】这是一起因强迫续订劳动合同而产生的劳动纠纷。本案例中，小黄与该企业的劳动合同期满,双方按照合同规定的条款履行了各自的权利和义务。合同终止后,双方的劳动关系也解除,因为《中华人民共和国劳动法》第二十三条明确规定:"劳动合同期满或者当事人约定的劳动合同终止条件出现,劳动合同即行终止。"如果想继续维持双方的劳动关系,那就必须在平等、自愿协商一致的基础上续订劳动合同,如果一方不同意,则不能续订劳动合同。

2. 劳动合同的必备条款

根据《中华人民共和国劳动法》的规定,劳动合同有必备条款和补充条款,下面就劳动合同的必备条款加以阐述。

(1)劳动合同的期限。劳动合同按期限分有固定期限劳动合同、无固定期限劳动合同和以完成一定工作为期限的劳动合同。如果是有固定期限的劳动合同,则应约定期限是一年或几年。应届毕业生所签订的绝大多数是有固定期限的劳动合同。所以大家一定要注意劳动合同中对期限的约定以及关于期限的违约责任的约定。

(2)工作内容。工作内容是指用人单位安排劳动者从事什么工作是劳动合同中确定的应当履行的劳动义务的主要内容,包括劳动者从事劳动的岗位、工作性质、工作范围以及劳动生产任务所要达到的效果、质量指标等。

(3)劳动保护和劳动条件。劳动保护和劳动条件是指在劳动合同中约定的用人单位对劳动者所从事的劳动必须提供的生产、工作和劳动安全卫生保护措施,即用人单位保证劳动者完成劳动任务和劳动过程中安全健康保护的基本要求,包括劳动场所和设备、劳动安全卫生设施、劳动防护用品等。用人单位不仅必须为劳动者提供必需的劳动条件,而且必须提供符合国家规定的劳动安全卫生条件和劳动保护条件。

(4)劳动报酬。劳动报酬是指用人单位根据劳动者的劳动岗位、技能及工作数量、质量,以货币形式支付给劳动者的工资,包括工资的数额、支付日期、支付地点以及其他社会保险(养老、失业、医疗、工伤、生育)待遇。劳动报酬的标准不得低于国家法律、行政法规的规定,也不得低于集体合同的规定。

(5)劳动纪律。劳动纪律是指劳动者在劳动过程中必须遵守的劳动规则,它是劳动者的行为规范。劳动合同的劳动纪律包括国家法律、行政法规、用人单位内部制定的对劳动者的个人纪律要求,如上下班制度、工作制度、岗位纪律和奖惩的条件。

(6)劳动合同的终止条件。劳动合同的终止条件是指劳动关系终止的客观要求,即劳动合同终止的事实理由,一般是劳动者和用人单位根据法律、行政法规规定的劳动合同终止条件以及协商确定的劳动合同终止的条件。特别是在签订无固定期限劳动合同时,双方应约定劳动合同终止的条件。

(7)违反劳动合同的责任。违反劳动合同的责任是指在劳动合同履行过程中,当事人一方故意或过失违反劳动合同,致使劳动合同不能正常履行,给对方造成经济损失时应承担的法律后果。在劳动合同中约定违反劳动合同的责任的,一般是法律、行政法规对违约没有明确规定的内容；若法律、行政法规已有明确规定的，一方当事人违反劳动合同，应依照法律、行政法规的规定承担违约责任。当事人在劳动合同中约定违反劳动合同的责任，应当符合法律、行政法规的基本精神和原则，公平合理。

3. 劳动合同的履行

劳动合同的履行是指劳动合同的双方当事人按照合同规定，履行各自承担义务的行为。依法订立的劳动合同具有法律约束力，当事人必须履行合同约定的义务，任何个人或第三方不得非法干涉劳动合同的履行。履行劳动合同一般应遵循以下原则：亲自履行原则、全面履行原则、协作履行原则。

4. 劳动合同的变更

劳动合同的变更是指双方当事人对尚未履行的合同，依照法律规定的条件和程序，对原劳动合同进行修改或增删的法律行为。劳动合同变更应遵循平等自愿、协商一致的原则，不得违反法律、行政法规的规定，任何一方不得擅自变更劳动合同，否则要承担相应的法律责任。

5. 劳动合同的解除

劳动合同的解除是指劳动合同当事人在劳动合同期限届满之前依法提前终止劳动合同关系的法律行为。劳动合同的解除可分为协商解除、用人单位单方面解除、劳动者单方面解除以及自行解除等。

6. 劳动合同的终止

劳动合同的终止是指符合法律规定或当事人约定的情形时，劳动合同的效力即行终止。《中华人民共和国劳动法》规定："劳动合同期满或者当事人约定的劳动合同终止条件出现，劳动合同即行终止。"

（三）劳动合同签订过程中的注意事项

签订劳动合同是毕业生就业后面临的第一道考验。对没有什么社会经历的毕业生来说，签订劳动合同过程中有可能遭遇"合同陷阱"。为避免毕业生遭受不必要的挫折和损失，下面就有关毕业生在签订劳动合同过程中应注意的事项进行介绍。

1. 及时与用人单位签订劳动合同

就业协议书是毕业生与用人单位确立就业关系的法律依据。毕业生报到后，用人单位应当与毕业生签订正式的劳动合同。在双方签订了劳动合同后，双方的具体劳动关系应当以劳动合同为准。

如果不签订劳动合同，用人单位则可能以就业协议书为双方处理劳动关系的依据，主动权更多地掌握在用人单位手里，因为就业协议很简单，一般不会包括工作（劳动合同）期限、工作岗位和工作内容、劳动保护和工作条件、工资报酬和福利待遇、就业协议终止的条件、违反就业协议的责任等条款。

2. 明确劳动合同的必备条款

个别用人单位可能会钻劳动合同的空子,有意在工作内容、劳动报酬、劳动保护和劳动条件等方面侵害劳动者的合法权益。劳动关系应以书面文书为基础,口头承诺不能作为依据。

3. 毕业生有知情权,应了解用人单位的相关规章制度

在签订劳动合同时,不少单位可能会给毕业生一本员工工作手册或规章制度等材料,此举意味着单位已告知你相关规章制度。因此,发现合同中有涉及单位规章制度的条款,应当先了解这些规章制度,能够接受的话再签字。

4. 签订劳动合同贵在协商、重在约定

劳动关系属于民事关系,所以它适用"有约定从约定,没有约定从法定"的法律原则。法律法规和政策不可能对所有问题都做规定,鼓励约定是劳动关系中重要的指导原则之一,所以约定在劳动关系中有着非常重要的作用。由于一般的合同往往不可能包含所有约定条款,所以可根据自己的劳动合同的重点,确定约定条款的内容。从劳动争议案例来看,在约定条款中,比较容易引起矛盾的往往是服务期限、就业限制、商业秘密、经济赔偿等方面,这也是劳动者或用人单位都要重视的约定内容。

5. 双方可以约定试用期,但不能无视法律的规定

《中华人民共和国劳动法》对试用期有明确规定:"劳动合同可以约定试用期。试用期最长不得超过六个月。"根据这个规定,劳动和社会保障部门做出进一步规定:凡是合同中有关试用期的约定超过上述规定的,其超过部分视为正式合同。也就是说,如果你的合同期为五年,而合同规定试用期为九个月,超过规定三个月,当你被试用了六个月后,你已自动成为正式员工。

6. 明确违约金的设立依据

《中华人民共和国劳动法》规定:"劳动者违反本法规定的条件解除劳动合同或者违反劳动合同中约定的保密事项,对用人单位造成经济损失的,应当依法承担赔偿责任。"

在劳动过程中若要设违约金条款,违约金的金额不应高于劳动者的年薪。

复习与思考

1. 简述签订就业协议书有哪些注意事项。
2. 简述签订劳动合同有哪些注意事项。

模块三　违约责任与劳动争议

【案例导入】

　　小王与 A 公司签订了三年期劳动合同担任市场营销专员，工作一年后因收到 B 公司的高薪职位邀约决定跳槽。但小王并未按《中华人民共和国劳动合同法》的规定提前 30 日提交书面离职申请便擅自离职，导致 A 公司重要营销项目中断，造成直接经济损失 5 万元。A 公司以违法解除劳动合同为由主张赔偿，小王则抗辩称 A 公司存在未兑现工作强度承诺、未提供职业发展机会等违约情形。双方协商未果后，A 公司向劳动仲裁委员会提起仲裁申请。

　　此案凸显了小王的离职程序合规意识不足及用人单位在履约管理方面的缺陷。双方在仲裁过程中均面临举证责任与法律风险问题，反映出明确劳动合同条款约定及完善争议解决机制的重要性。

一、违约责任

(一)概念

　　违约责任是基于就业合同(涵盖劳动合同、三方协议等)所产生的一种法律责任机制。当合同当事人一方或双方背离合同所约定的义务时，便需依据法律规定与合同约定承担相应后果。此责任制度旨在维护合同关系的稳定性与严肃性，保障当事人在合同订立时所预期的合法权益得以实现。

(二)常见违约情形

1. 劳动者违约

　　(1)入职违约。即大学毕业生与用人单位签订就业协议书或劳动合同后，在约定的入职时间内无合理合法理由拒绝前往用人单位报到入职。例如，某大学毕业生与一家公司签订了三方协议，协议明确规定了入职时间。但该学生在临近入职时，因收到另一公司的录用通知且薪酬待遇更优，便单方面决定放弃原协议约定的入职机会，这种行为构成了典型的入职违约。

　　(2)服务期违约。若用人单位为劳动者提供了专业技术培训，并据此与劳动者约定了服务期，在服务期尚未届满时，劳动者擅自离职则属于违反服务期约定的违约行为。例如，某科技公司为新入职的大学毕业生员工提供了为期三个月的专业编程技能培训，培训费用高达数万元，并在培训后与员工签订了三年的服务期协议。然而，该员工在工作一年后,因个人发展规划的变动,未与公司协商一致便自行离职,这就违反了服务期的约定。

2. 用人单位违约

(1)薪酬支付违约。用人单位未能按照合同约定的时间、金额与支付方式向劳动者支付工资报酬。比如,合同明确规定每月 10 日以银行转账形式发放上月工资,但用人单位却无故拖延至月底仍未支付,或者支付的工资数额少于合同约定的标准,如合同约定月工资为 5000 元,但实际仅发放 4000 元且无正当理由。

(2)劳动条件违约。用人单位未依照合同约定为劳动者提供适宜的工作环境与劳动条件。例如,在一份劳动合同中约定为员工提供配备空调、通风良好且安全设施完备的办公场所,但实际工作地点却是一个闷热、通风不畅且存在安全隐患(如电线裸露、消防设施缺失等)的老旧厂房。

(三)责任承担方式

1. 违约金支付

合同当事人可在就业合同中预先设定违约金的具体数额或计算方式。不过,依据相关劳动法律法规,对于劳动者而言,仅有在违反服务期约定以及竞业限制约定这两种特定情形下,用人单位才可与劳动者约定由劳动者承担违约金。例如,在上述提及的服务期违约案例中,如果服务期协议中约定了违约金为 5 万元,且该约定符合法律规定的合理范围,那么劳动者因提前离职就可能需要向用人单位支付这笔违约金。而对于用人单位与劳动者约定的其他诸如入职违约金等情形,在法律上一般是不被认可的。

2. 赔偿损失

违约方需对因自身违约行为致使对方遭受的经济损失予以赔偿。就劳动者入职违约而言,用人单位为招聘该劳动者所耗费的招聘成本,如招聘信息发布费用、招聘人员的人力成本、为迎接新员工入职所做准备工作的费用等,都可要求违约劳动者予以赔偿。再如用人单位违约导致劳动者离职的情况,劳动者在寻找新工作期间所产生的经济损失,包括但不限于失业期间的生活费用、因提前离职可能失去的年终奖金或其他福利性收入等,都应由违约的用人单位承担赔偿责任。赔偿损失的范围通常涵盖直接经济损失与间接经济损失,但间接经济损失的认定需遵循一定的法律原则与证据规则,即间接经济损失必须是违约方在订立合同时能够预见到或者应当预见到的因违约行为可能造成的损失。

二、劳动争议

(一)概念

劳动争议是在劳动关系存续期间,劳动关系的双方主体,即劳动者与用人单位,因对劳动法律法规的执行情况存在分歧,或者在履行劳动合同、集体合同的过程中产生意见不一致而引发的纠纷。其本质是劳动关系双方在劳动权益与义务方面的矛盾冲突体现,反映了双方在劳动价值分配、劳动条件保障、职业发展规划等多方面的利益博弈。

(二)产生原因

1. 工资福利相关争议

(1)工资发放争议。包括工资数额不足额发放,如用人单位以各种理由克扣员工工资,常见的有:以员工未完成业绩指标为由扣除部分基本工资,但该业绩指标的设定本身不合理或者未在劳动合同中明确约定;工资支付时间延迟,如用人单位因资金周转困难或财务管理混乱,未能按照合同约定的月度、季度或年度周期按时支付工资,导致员工经济生活受到影响。

(2)奖金福利争议。奖金分配方案因不透明、不合理引发争议。例如,在企业的年终奖金分配中,没有明确的考核标准与分配依据,导致员工认为奖金分配存在主观随意性,偏袒某些特定员工群体;福利待遇未落实,如合同约定为员工提供住房补贴、交通补贴、餐饮补贴等福利项目,但用人单位在实际执行过程中无故取消或减少这些福利的发放额度与范围。

2. 劳动合同解除争议

(1)违法解除争议。用人单位在没有合法依据的情况下解除劳动合同,如以员工怀孕、患病等为由辞退员工,这些情形均属于违反劳动法律法规中关于用人单位解除劳动合同限制性规定的行为;或者用人单位解除劳动合同的程序不合法,如未提前通知员工或者未向工会说明情况(在符合法定需通知工会的情形下)。

(2)经济补偿争议。在劳动合同解除或终止时,关于经济补偿金的计算标准与支付数额产生争议。例如,经济补偿金的计算基数确定错误,用人单位可能按照低于员工实际月平均工资的数额作为计算基数;或者在计算经济补偿金的工作年限时,故意漏算员工的部分工作时间,如将员工在关联企业的工作经历不予合并计算等情况。

3. 工作环境与劳动条件争议

(1)安全卫生争议。工作场所存在安全隐患,如建筑设施不符合安全标准,存在墙体开裂、屋顶漏水等可能伤害员工的风险;消防设施配备不足或失效,在发生火灾等紧急情况时无法保障员工生命安全;生产设备老化、缺乏必要的安全防护装置,容易导致员工在操作过程中发生工伤事故等情况,而用人单位未能及时整改改善。

(2)劳动强度与休息休假争议。劳动强度过大,员工长时间连续工作且没有合理的轮班休息制度,导致员工身体疲劳、精神压力过大,影响员工身心健康;休息休假权利被侵犯,如用人单位拒绝安排员工享受法定节假日、带薪年假等休假权益,或者在员工休假期间安排工作任务,干扰员工正常休息。

(三)解决方式

1. 协商

协商是劳动争议发生初期,双方当事人自行尝试解决纠纷的一种方式。其具有高度的自主性与灵活性,双方可在平等自愿、互谅互让的基础上,就争议事项直接进行沟通交流,寻求彼此都能接受的解决方案。例如,劳动者认为用人单位本月发放的工资数额有误,可直接与用人单位的人力资源部门或财务部门相关负责人进行沟通,说明自己的计算依据与理由,用人单位则对工资核算情况进行核实与解释,双方通过友好协商,可能当场就对工资数额进行调整并达成一致意见,从而快速解决争议。协商的优势在于能够节省时间、精力与成本,避免双方关系过度恶化,有利于维护劳动关系的和谐稳定。

2. 调解

当协商未能达成一致时,当事人可向企业劳动争议调解委员会或者依法设立的基层人民调解组织申请调解。调解组织在接到申请后,会安排专业的调解人员介入。调解人员会分别听取双方当事人的诉求与意见,深入了解争议的焦点与细节,依据相关法律法规、政策规定以及公序良俗等,提出具有建设性的调解方案。例如,在因劳动合同解除引发的经济补偿争议中,调解人员会根据劳动者的工作年限、工资水平、解除合同的原因等因素,结合劳动法律法规中关于经济补偿的标准规定,拟订一个合理的经济补偿数额范围,并向双方当事人进行解释说明,引导双方在此范围内进行协商调整,寻求达成调解协议。调解过程一般较为灵活、非正式,注重双方的情感沟通与利益平衡,旨在促使双方在相互妥协的基础上解决争议。调解协议一旦达成,具有一定的法律约束力,双方应自觉履行。

3. 仲裁

若当事人经协商、调解均无法解决争议,或者不愿意进行协商、调解时,可向劳动争议仲裁委员会申请仲裁。仲裁是一种准司法性质的争议解决方式,具有较强的专业性与权威性。仲裁委员会在受理案件后,会依据相关仲裁规则与程序,组织仲裁庭进行审理。仲裁庭通常由一名首席仲裁员与两名仲裁员组成,他们会在认真审查双方提交的证据材料、听取双方陈述与辩论的基础上,依据劳动法律法规及相关政策规定,对争议事项做出仲裁裁决。仲裁裁决一般具有终局性,对于一裁终局的案件,裁决书自做出之日起即发生法律效力,双方当事人必须执行。例如,在工资福利争议案件中,仲裁庭会对工资发放标准、奖金福利的合法性与合理性等进行详细审查,依据劳动合同约定、企业规章制度以及劳动法律法规中关于工资福利的相关规定,做出明确的裁决,如裁决用人单位限期补足拖欠的工资、按照规定发放奖金福利等。

4. 诉讼

对于仲裁裁决不服的当事人,在符合法定条件下,可向人民法院提起诉讼。但需注意的是,仲裁是诉讼的前置程序,除法律另有规定外,未经仲裁的劳动争议案件,法院一般不予受理。诉讼是劳动争议解决的最终司法救济途径,法院会依据民事诉讼法及相关劳动法律法规的规定,对劳动争议案件进行全面、深入的审理。在诉讼过程中,双方当事人需遵循严格的诉讼程序,提供充分的证据支持自己的主张,法院会在查明事实、适用法律的基础上做出公正的判决。例如,在劳动合同解除争议案件中,如果劳动者认为仲裁裁决中关于用人单位解除合同是否合法的认定有误,可在规定期限内向法院提起诉讼,法院会对用人单位解除合同的事实依据、法律依据、程序合法性等进行重新审查,最终做出维持或撤销仲裁裁决、改判等判决结果,判决生效后,双方当事人必须严格执行。

复习与思考

1. 除了仲裁之外,还有哪些解决劳动争议的途径?

2. 对于不同类型的劳动争议(如薪资纠纷、解除劳动合同纠纷),如何选择最合适的争议解决方式?

参考文献

[1] 范广,张高科. 大学生就业指导[M]. 上海:上海交通大学出版社,2023.

[2] 李莉. 创业基础实训教程[M]. 北京:北京理工大学出版社,2021.

[3] 吴文豪. 国际承包工程概论[M]. 南昌:百花洲文艺出版社,2021.

[4] 李莉. 大学生职业生涯规划[M]. 北京:北京理工大学出版社,2022.

[5] 刘义理,严骊,朱茂然,等. 电子商务:迈向数字中国的探索与实践[M]. 上海:同济大学出版社,2023.

[6] 周爱民. 高职高专医学生创业基础[M]. 长春:东北师范大学出版社,2019.

[7] 李教社. 大学生职业生涯规划·就业指导与创新创业篇[M]. 北京:北京理工大学出版社,2021.

[8] 马浩然. 大学生职业生涯规划与就业指导研究[M]. 北京:北京工业大学出版社,2023.

[9] 陈济川. 大学生就业指导教程[M]. 厦门:厦门大学出版社,2010.

[10] 傅真放. 大学生就业指导[M]. 南宁:广西人民出版社,2002.